传统文化中的处世技巧

Life Skills in Traditional Culture

刘慧滢 / 编著

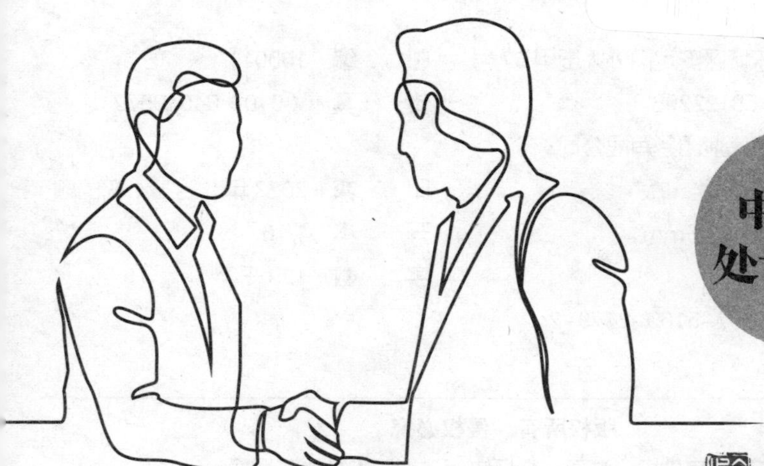

中国式处世智慧

华龄出版社
HUALING PRESS

图书在版编目（CIP）数据

传统文化中的处世技巧 / 刘慧滢编著. -- 北京：华龄出版社，2023.5
ISBN 978-7-5169-2479-2

Ⅰ. ①传… Ⅱ. ①刘… Ⅲ. ①人生哲学–通俗读物
Ⅳ. ① B821-49

中国国家版本馆 CIP 数据核字 (2023) 第 037931 号

策划编辑	冯　强	责任印制	李未圻
责任编辑	郑　雍	封面设计	郑金霞

书　名	传统文化中的处世技巧	作　者	刘慧滢
出　版 发　行	华龄出版社 HUALING PRESS		
社　址	北京市东城区安定门外大街甲 57 号	邮　编	100011
发　行	（010）58122255	传　真	（010）84049572
承　印	天津海德伟业印务有限公司		
版　次	2023 年 5 月第 1 版	印　次	2023 年 5 月第 1 次印刷
规　格	640 mm x 910 mm	开　本	1/16
印　张	13	字　数	129 千字
书　号	ISBN 978-7-5169-2479-2		
定　价	49.00 元		

前言

职场中，我们每个人都渴望被人赏识、被领导重用，希望自己工作顺心，事业有成；生活中，我们也都渴望得到他人的理解和支持，收获美好的亲情、友情、爱情，让自己生活幸福美满。要想实现这些美好愿望，良好的人际关系和处世能力是必不可少的。

俗话说得好，“有人的地方就有江湖”，就有人情世故，就会涉及与人相处的游戏规则。我们常常看到，有些人虽然资质平平，但是因为洞悉人情世故，所谓“人情练达，世事洞明”，在工作和生活中总能得到他人的提携或帮助，进步很快；而有的人虽然有学识、有才干，却因为情商太低，不会处事，而处处受到掣肘。

三国时期，曾经权倾一时的诸葛恪，是大名鼎鼎的诸葛亮的侄子，可谓名门之后。诸葛恪在很小的时候就才华超群，成人后更是官至大将军，还是孙权的托孤重臣，可以说是前途无量。

但是诸葛恪恃才傲物、以才压人，更要命的是，他喜欢凭借手中的权力独断专行、飞扬跋扈，最终引发了众怒，被同僚们设计害死，甚至还牵连诸葛家族惨遭诛灭。

诸葛恪，原本是集才华和社会地位于一身的天之骄子，最终却落得个如此悲惨的下场，其主要原因就在于，他不明白：职场和社会犹如一个丛林，只有懂得丛林法则才能很好地保全自己，这些“丛林法则”就是为人处世的大智慧、大学问。无视它的重要性，就可能一事无成，甚至身败名裂。

这正如著名主持人窦文涛所说：“在这个江湖里头混吧，你总得通晓人情世故，什么话能说，什么话不能说，什么话得这么说，什么话得那么说。不通人情世故，恐怕活下去都有困难。”从这个意义上讲，是否懂得中国式的处世智慧，决定了一个人是生活幸福，还是穷困潦倒。

所谓“中国式处世智慧”讲的就是中国式的人情世故。“人情”，是人和人之间融洽相处的情感、情意；“世故”，则是现实生活中待人接物的处世法则。“中国式处世智慧”就是教人了解人情世故中的道理和原则、方法和技巧，看懂人生，明白事理。

“中国式处世智慧”不是“厚黑学”，不贩卖焦灼和浮躁。虽然当下的人们都热衷于追逐权力、财富、名利、地位，但“中国式处世智慧”并不是教唆人为了达到目的要虚伪逢迎，为名利而不择手段。

实际上，真正的“中国式处世智慧”正如国学大师南怀瑾先生所说：“……不是简单的圆滑处世，不是假意的虚伪逢迎，不是单纯地屈服于现实，而是真正懂得生活的意义。”

中国式处世智慧，是千百年来中国传统文化中积累和流传下来，被多数中国人接受，并不断承袭的人生第一大学问，其中有中国历代先贤的处世哲学、人生感悟，也有趣味横生的历史典故，甚至还有古为今用、常用常新的兵法谋略。本书通过一个个鲜活的故事和事例，深入浅出地将人与人之间融洽相处的道理和技巧娓娓道来，让我们在轻松的阅读中积累做人、做事的经验，并把它们应用到以后的人生当中。

深谙“中国式处世智慧”，你可以读懂人性、认清自己，更能收获识人要诀、处世良方以及自我成长之道、人际管理之法，在职场和生活中成为一个人情练达、世事洞明、充满智慧、受欢迎的人。

“人，总是老得太快，而又聪明得太迟。”当我们感叹时光飞逝，岁月蹉跎时，请不要忘记：努力在自己的人生历程中不断发掘生活的真谛、处世的智慧，让生命不断得到充实和丰富，在不断沉淀中找到生命的意义，让我们早日聪明起来，早日收获幸福人生。

所以，不论你是意气风发的青年，还是负重前行的中年，不论你是职场白丁，还是业界精英，如果你想远离力不从心的日子，让自己有勇气、有智慧地从容生活、开心工作，请读懂《中国式处世智慧》。

目 录

第三章　低调处事：水低成海，人低为“王”

第四章　抱朴守拙：知世故而不世故，处江湖而远江湖

第五章　口为福祸门：善言可培福，恶言能致祸

第六章　情面难却：面子是中国人最大的人情世故

第七章　计较生是非：有度量，才有能量

第一章

中庸之道：凡事张弛有度，避免过犹不及

中庸之道被孔子称为“君子之道”，是儒家弟子修身养性的至上法则，也是中国人非常推崇的一种处世哲学，一种大智慧、大境界。所谓“中”即恰到好处；“庸”即不轻易改变。

中庸之道的处世方式就是找到自己在人群中最恰当的位置，把握好远近亲疏的分寸，以这样的方式和人相处，双方都会感到很舒服。

施恩，可能是在制造优越感

“中庸之道”被中国古人视为天地间的一种法则，遵循它，就能洞悉自然和社会的规律；顺应它，就能做出正确的决定和选择。以中庸之道处世，就能在人际交往中找到恰当的位置，待人接物有分寸、不逾矩。

说起人际交往中的分寸感，不由让人想起中国有句古训——“久负大恩反成仇”。意思是说：如果一个人对另一个人施以过大的恩情，不但换不来受惠者的感激，还有可能引发对方的仇恨。这似乎有些不可思议，那我们不妨听一听下面这个发生在我国唐代的故事。

在我国唐代的唐肃宗年间，有位叫李勉的官员，他在任职开封尉的时候曾放走了一个被囚禁在监狱里的刺客。

多年以后，李勉到河北游历，碰巧遇到了当年被他放走的那个囚徒。囚徒见到救命恩人十分激动，热情地把李勉拉到家中盛情款待。

囚徒私下对妻子说：“我请回来的这位大人，就是当年救我一命的恩人，我们该怎么报答他呢？”妻子说：“给恩人千匹丝绢作答谢可以吗？”囚徒说：“不行不行，一千匹丝绢根本不足以报答他的救命之恩。”妻子又说：“两千匹丝绢怎么样？”囚徒仍是摇头，说：“远远不够。”妻子无奈，沉思了半天，最后说道：“这份恩情既然报答不了，那就干脆杀了他算了！”夫妻二人的对话被李勉的仆人听到，仆人转告给李勉，李勉赶紧逃走，才得以幸免。

明明是李勉对囚徒有救命之恩，最后囚徒却因为实在无法报答李勉，便动了杀机。因为这份恩情实在太重，给囚徒造成了极大的精神压力，让他时刻想着怎么报答，又觉得怎样都报答不了，囚徒的心理因此发生了严重的扭曲，便想杀死恩人来消除自己的压力。

虽然李勉最初救人的时候并没有想过囚徒要回报自己，但在现实生活当中，人与人交往时，都希望得到和付出是平衡的，如果“收支”严重失衡，人们的心理就会失衡，甚至发生扭曲。

吸取李勉的教训，我们在与人交往时，一定要注意分寸。一方面不要一味付出，不求回报；另外一方面，要量力而行，不要给对方施以过大的恩情。

同样的，"升米养恩，斗米养仇"说得也是人际交往中过犹不及的例子。

话说，有一穷一富两户人家比邻而居，平日里他们相处得还不错。有一年，他们那里遇到了天灾，庄稼颗粒无收。穷邻居本来就生活拮据，这下更是到了三餐不继的地步。就在一家几乎要饿死的时候，富邻居送来了一升米（相当于现在的4斤米），救活了穷邻居一家人，穷邻居非常感谢富邻居的仗义之举。

当穷邻居的生活渐渐改善以后，就去富邻居家里致谢。聊天的时候，富邻居得知穷邻居还缺种子种地，就大方地说："我这还有些余粮，再拿一斗（相当于40斤米）给你当种子吧。"

穷邻居千恩万谢地带着一斗米回了家。到家以后，他的老婆却说："这一斗米只够我们一家人吃几天的，根本不够做种子的，这个邻居真是的，为啥不好人做到底，多送些粮食呢？"

这话渐渐传到了富邻居那里，他很生气、也很委屈。于是，原本关系不错的两家人却成了老死不相往来的仇人。

这个故事虽然揭示了穷邻居的贪得无厌、不知感恩，另一方面也直指富邻居不懂人心。关键时刻送一升米是雪中送炭，会让人心怀感恩，但当邻居的情况好转之后送一斗米，对方不仅没感激这份恩惠，还助长了贪心，认为别人的无私付出都是理所当然，甚至因为邻居没有满足自己的期待还心生怨怼，结果使双方反目成仇。

“久负大恩反成仇”“升米养恩，斗米养仇”，从这两个故事中可以看出：人与人交往，分寸和尺度的拿捏是多么重要，它们正好验证了中庸之道所强调的“过犹不及”。

中庸之道认为，“过”和“不及”都是不可取的，“不及”即做得不够，这当然不合适；“过”，就是做过了头，也跟做得不够是一样的，因为它会使事物走向另一个极端。比如，上面的两个故事中，付出过多的一方很容易在双方关系中变成比较强势的、很有优越感的一方。这样就会给另一方，也就是弱势的一方造成很大的压迫感，让弱势的一方生活在强势一方的阴影之下。时间长了，弱势的一方就会陷入偏激、片面或绝对化的境地，以致心理产生严重扭曲。而健康的人际交往则是要在与人的互动中寻找恰到好处的相处模式，让双方都感到舒服，这正是中庸之道所崇尚的适中原则。

没有距离是最可怕的距离

我们常用“亲密无间”来形容两个人关系牢靠、稳定，但在现实生活中，两个人的相处真的到了“亲密无间”的程度，也就离形同陌路、反目成仇不远了。

任何一个正常人，在和他人相处时，总会有意无意地保持一定的心理距离，给自己留出一个可以自我掌控的私人空间。它像是一个看不见、摸不着的安全气泡，笼罩在每个人周围。虽然我们平时感受不到它的存在，但是一旦有人突破了界限，闯入到气泡中，气泡里面的人就会感觉到被冒犯、不舒服，产生种种情绪问题。

对此，心理学家曾做过一个实验：在一个空旷的大厅里，里面仅有一个人，心理学家走过去紧挨着这个人坐下，测试对方的反应，结果参与实验的大部分人都很快离开了原来的位置，坐到了其他地方。还有人十分警惕地质问心理学家："你想干什么？"

心理学上有个"刺猬法则"，也叫心理距离效应，或许可以更形象地说明人际交往中，保持适度距离的重要性。

在寒冷的冬季，两只又困又冷的小刺猬想抱在一起取暖。但是当他们靠近彼此时却被对方身上的刺给刺痛了。他们只好分开一段距离，可是没过多久又冷得难以忍受，于是，他们再次抱在一起……几次折腾下来，他们最终找到了一个合适的距离，能互相取暖，又不会扎痛彼此。

小刺猬之间抱团取暖尚且需要保持适度距离，更何况人与人之间的交往呢？记得很久以前看过一个综艺节目，一位男演员的妈妈讲述了自己和儿子之间"亲密无间"的相处模式。虽然这位妈妈在整个讲述过程中都非常幸福，为自己能够有这样的亲子关系而感到骄傲，但却令现场和电视机前的观众感到窒息。

这位妈妈在节目中非常开心的和观众分享了很多母子相处的细节，比如：她会把儿子在网络上所发布的每一条微博都一字不差地抄录下来；儿子在世界各地拍戏，她居然能做到儿子走到哪，她就跟到哪，还随身携带炊具，亲手为儿子做饭，每天四点起床，为儿子榨果汁、熬梨汤，还要看着儿子全部喝完……

儿子每次谈恋爱，她都要严格把关，还给未来的儿媳妇提了一长串条件清单，写在一张纸上，只有符合这些条件的女孩儿才能和儿子谈恋爱。结果，她的儿子作为一位各方面条件都非常不错的知名演员，如今40多岁还是形单影只。

对此，这位男演员也曾向媒体透露过自己对母亲的看法。作为一个成年人，他对妈妈这种无微不至地照顾虽然心存感激，但更多时候也感到了莫大的束缚和痛苦。他也尝试过反抗，想要母亲多给他一些个人空间，但每次提出这样的要求，他的母亲都会非常难过，认为儿子要抛弃自己，自己辛苦一辈子，为儿女付出了所有的时间和精力，到头来却还是没有留住儿子。妈妈的反应让儿子十分内疚，感觉自己在妈妈面前是个不可饶恕的罪人，只好放弃了之前的主张，继续接受妈妈的“照顾”。

这位妈妈眼中的“亲密无间”的关系其实是一种非常窒息、非常纠结的关系。它以爱为名，无孔不入地掌控、干涉着儿子的生活，甚至是人生。这种关系也让妈妈失去了自我，严重破坏了彼此的边界和独立，是一种不健康的关系。

真正健康的人际交往绝非亲密到“无间”的关系，而是那种看上去并不过度亲密，但却因为保持了适度的距离而彼此欣赏、互相成就的关系。这正如北宋名臣司马光与刘元城之间的“君子之交”。

北宋名臣司马光出任宰相以后，曾推荐有才干、有学识的刘元城到集贤院工作。某一天，司马光问刘元城：“你知道我为什么推荐你去集贤院吗？”

刘元城：“是因为我和大人是朋友的缘故吗？”

司马光回答：“不是。推荐你去集贤院是因为我觉得你是一位君子。当年，我遭人排挤，赋闲在家的时候，每回遇到年节，你都会写信问候我或亲自来看我。而当我出任宰相以后，你却再也没有主动和我交往过。”

司马光的言外之意就是：当年我遭受排挤，成为一个失意、潦倒的时候，刘元城依然能像朋友一样待我；而当我出任宰相之后，刘元城却没像其他人那样趋炎附势，巴结我。这表明刘元城是一位品行出色、值得深交的君子，所以司马光推荐了他。

司马光和刘元城之间，正是所谓“君子之交淡如水”的情谊。他们平时虽然没有过密的交往，却心意相通。当对方遇到困难时，另一方便竭尽全力为其雪中送炭，而当有一方富贵腾达时，另一方却不攀附、不巴结，只是远远地观望和祝福。

“君子之交淡如水”，是中庸之道用来形容贤者之间深厚交情的一句话，意思是真正懂得人情世故，有智慧的君子之间的交往像水一样纯净、淡泊。但唯其平淡，君子之间的情谊才没有任何杂质，没有曲意逢迎，也没有嫉妒和苛责，这样的人际关系也不会让人有任何心理负担，所以能够细水长流，长长久久。

“君子之交淡如水”的下一句是“小人之交甘若醴”，意思是小人之间的交情则像美酒一样甘醇浓烈，但正因为过于浓烈甜蜜，却经不起时间的考验，很难维系长久。

无论是“君子之交淡如水”还是“小人之交甘若醴”，说到底，人与人相处都是一门把握远近和分寸的学问，它告诉我们，好的关系是亲而有间，彼此之间既亲密又各自保有自己的边界和独立性，这样的关系才是能长久维系的健康关系。

半糖，才是最甜的

“我要对爱坚持半糖主义，永远让你觉得意犹未尽，若有似无的甜才不会觉得腻，我要对爱坚持半糖主义，真心不用天天黏在一起……”这段歌词来自一首曾红遍两岸三地的歌曲，歌名叫《半糖主义》。它虽然说的是坠入爱河的小女生在情感中的一些小心思，却也道出了恋人之间相处的一种大智慧。

所谓“半糖”，是一种形象的比喻，意思是人们谈恋爱就像调制甜饮料，饮料只加半勺糖就够了，加多了会太甜、太腻，齁嗓子，影响口感。而“半糖”式恋爱就是把一半的爱给对方，另一半留给自己，控制好感情的浓度，这样可以延长爱情的保鲜期，避免过度投入加速爱情的灭亡。

现实生活中，很多恋人一旦确立恋爱关系就会变得盲目，一头栽进爱河，迅速融入对方的生活中，两个人如胶似漆，甚至把恋人当成生命中一刻也离不开的氧气。这样的恋爱很容易失去新鲜感，很快就会分道扬镳。

小李是一个漂亮又能干的女孩，这段时间她一直处在失恋的痛苦中不能自拔，和相恋一年的男友分手对她来说是个沉重的打击。本来，两个人相处得相当不错，问题就出在小李的工作调动上。

半年前，小李被公司调到公关部工作。她非常喜欢这份工作，美中不足就是比较忙，不但不能准时下班，出差也变多了。小李的忙碌引起了男友的不满，他非常不放心小李经常和客户出去吃饭、应酬。慢慢地，他变得敏感多疑，对小李的控制和监督也多了起来。

只要小李下班稍晚一点，男友都会以各种方式盘问她是不是和男性客户在一起吃饭、喝酒。刚开始，小李还感觉这是男友非常在乎她的表现，心里还有点小甜蜜。但时间久了，男友却变本加厉，除了刨根问底地盘问小李的行踪，还检查小李的手机通话记录和聊天记录，甚至还暗戳戳地找小李的闺蜜求证，这让小李连和客户正常的工作往来都不敢和男友说实话，生怕男友起疑心。

除了检查和盘问，男友还以主动多做家务，为小李买昂贵的化妆品来讨好小李，让小李觉得男友似乎在不断地向她暗示："我对你这么好，你要是背叛我，良心上过得去吗？”

男友的种种表现让小李感到窒息，甚至害怕面对男友，两个人的感情陷入了僵局。无奈之下，小李提出了分手。

男友的爱对小李来说，已然变成一种伤害。从这个事例可以看出，无论我们多爱一个人，也不要把爱变成一种纠缠和控制，否则这种爱会使对方感到麻木，甚至是反感和抵触。不如给爱情多留一些美感与诗意，给对方多一些自由，也保留自己的独立空间，激发彼此的探究欲，就像是欣赏风景，要一处一处地看才有趣，一眼就看完了，也就容易索然无味。

恋爱要拿捏分寸，每天和柴米油盐打交道的婚姻更是如此。

家住上海的孟女士结婚8年，和丈夫的感情渐渐归于平淡。孟女士性格开朗活泼，即便是有了宝宝以后，每个月还会有一两次和朋友们一起出去泡吧、看电影；而丈夫林先生却更愿意宅在家里做家务、听音乐。两个人性格上的差异让双方磨合起来有点痛苦，时常会让孟女士感觉自己是不是嫁错了人。

后来，因为一个偶然的机会，孟女士被公司派驻到英国工作一年。让她没想到的是，正是这两地分居的一年，反而使她和丈夫的感情恢复到了婚前的“腻味劲儿”。两个人远隔着万水千山，通过一根电话线却有说不完的话。他们发现：距离真的可以产生美。

因此，孟女士工作满一年回国后就和丈夫商量，试试做一对“半糖夫妻”，即孩子住校，丈夫住他婚前的房子，自己还住原来的婚房。工作日里，三个人各自独立学习和生活，周末两天，三口人聚到一起共同生活。

因为有了之前长达一年的分居经历，丈夫很愿意和她一起做这个尝试。结果，尝试两年下来，他们都感觉还不错。丈夫因为住的地方离公司更近，每天不必像以前一样要穿越半个城市上下班，因此有更多的时间和精力用来健身、休息，甚至还搞起了兼职。孟女士也非常高兴能有更多的时间和朋友在一起，不必再担心因为回家晚了影响家人休息，或是惹丈夫不高兴。

夫妻二人平时不见面的时候随时可以通过电话和微信视频聊天，他们之间的交流反而比天天在一起各自刷手机的时候还要多。

当然，孟女士也觉得，像她和丈夫这样的生活方式并不适合所有人，如果夫妻之间没有充分的信任，没有开放的心态，不要轻易尝试这种“半糖夫妻”。

像孟女士和丈夫这种“半糖夫妻”在大城市的白领阶层中是比较流行的。他们认为，婚姻不是把两个人困在围城里，每天都是柴米油盐和家长里短，夫妻之间还要有独立的空间和自由的呼吸，这样才能保持婚姻的新鲜感。

“真心不用天天黏在一起，爱得来不易，要留一点空隙彼此才能呼吸。”或许，我们真的可以像这首《半糖主义》所唱的那样，在婚姻和爱情里，多给彼此一点空间和距离，无论是物理距离还是心理距离，避免因为天天腻在一起而在平淡中互相折磨，把热情消耗殆尽。多留给彼此一点空间和距离才能让感情永远意犹未尽，永远若有似无，永远保持活力。

话不说满，事不做绝

“路经窄处，留一步与人行；滋味浓处，减三分让人尝。”这是老祖宗留给我们的做人智慧。意思是说：无论说话还是做事，要懂得给人留余地，话不说满，事不做绝，这既是一种生活经验，更是一种处世智慧。这种大智慧在一千多年前就被曹操以一场战役的方式演绎得淋漓尽致。

公元 205 年，曹操与袁绍在壶关展开一场恶战。曹军把袁军围困在壶关城中，水泄不通。曹操下令全军“攻下壶关，活埋全城”，并把军令也传给了袁军，想要震慑一下这些拼死抵抗的袁军，让他们尽早出城投降。

但是，壶关城内的袁绍守军和老百姓听到这个消息后，觉得反正都是死，拼死抵抗说不定还可能活命。所以，军民一心，奋力作战，战斗意志反而更加坚定。曹军围城数月，毫无战果。

就在这个时候，有人向曹操提议：“壶关城本身非常坚固，城内粮草充裕，一味强攻恐怕得不偿失，不如留出一个缺口，给守军一条逃生之路，说不定能瓦解军心，让他们不攻自破。”

曹操觉得这个建议很有道理，就把原来围得密不透风的包围圈打开了一个缺口，故意给守军留出一个逃生通道。

果然，几天之后，不断有士兵逃出城外，袁军的军心慢慢涣散，不久，壶关便被曹军攻陷。

曹操后来采取的战术在《孙子兵法》中被称为“围师遗阙”。行兵打仗的时候，如果把敌人逼上绝路，反而会激起对方的斗志，让他们破釜沉舟、以死相搏，己方军队也会付出更大的代价。如果反其道而行，给敌军留有一线生机，让他们感到尚有退路可走，说不定有意想不到的战果。

其实，“围师遗阙”之所以能成为一个常胜兵法，就在于它能以最小的代价涣散敌方的斗志，让敌方为了争取一线生机而卸下坚固的防御。这一策略也常常被当作一种攻心术用在商务谈判或危机公关中。有着几十年危机公关经验和谈判经验的肖警官对此深有感触。

三年前，肖警官奉命执行谈判任务。一个刚刚抢劫了银行的劫匪，打伤了一名警察，并在其逃跑途中绑架了一名人质，劫匪以此要挟警察放他一条生路。

此时，劫匪还不知道被他打伤的警察在送往医院的路上就已经牺牲了，他现在已经成了一个杀人犯，根本没有生路可言。但是，前来谈判的肖警官没有把警察牺牲的真相告诉绑匪。因为肖警官知道，一旦绑匪知道了真相，就会明白自己没有回头路，人质可能会成为劫匪绝望之中的又一个牺牲品。

所以，肖警官绝口不提警察的事，而是反复对劫匪强调，只要他能放了人质，避免局势恶化，他仍然可以得到从轻处罚。最终，在肖警官的劝说下，劫匪终于放下了手中的刀子，人质得以解救，劫匪也得到了应有的惩罚。

肖警官的谈判策略和“围师遗阙”的兵法有异曲同工之处，它带给我们的启示就是：与人谈判时，不要把对手逼上绝路，一旦让对方觉得毫无退路，他要么负隅顽抗，要么放弃谈判、放弃合作，二者都不是我们想要的结果。

同样的，在职场中，当我们与上级、同事谈合作时，也要给对方留有选择的余地，即便自己处于优势，也不要以势压人，相反，给别人台阶下，其实也是给自己留后路。

策划部主管杨凡近两年来为公司策划了好几部畅销书，为公司发展做出很大的贡献。他的业绩也得到了另外一家图书公司的关注，对方悄悄给杨凡递来了橄榄枝，给出了十分优厚的薪资待遇。

杨凡认为，如果只是为了高一点的薪水就跳槽，实在有点冒险。毕竟在当前的公司里，他有一个成熟的创作团队，老板也给了他充分的创作空间，这些都是比较宝贵的资源。如果现在的公司能认可自己的贡献，适当加薪，他还是想留下来的。杨凡思前想后，决定和老板谈谈加薪的事情。

但是杨凡没有把自己手握新 Offer 的事告诉老板。他觉得，如果自己这样做，相当于逼着老板给自己加薪，其结果可能是惹老板不快，拒绝加薪，自己也没了后路，不得不跳槽。另一个结果是老板迫于压力同意加薪，但可能会心存不满，同时也会质疑自己对公司的忠诚度。

因此，在和老板的谈话中，杨凡只字未提新公司的事，而是心平气和地和老板算了一下自己最近两年的业绩贡献，还顺便提到了对未来图书市场的预判和自己的工作计划。这么做就是想让老板实实在在地看到自己做出的业绩，以及他未来的潜在价值。老板很快就明白了杨凡的意图，也非常欣赏他的做事态度，最后爽快地答应了他的加薪要求。

不得不说，杨凡是个非常聪明的员工。他虽然手握筹码，却并没有以势压人，而是把主动权完全交给了老板，最终愉快地达成了自己的目的。也许他也深谙《孙子兵法》中“围师遗阙”的战术吧。

做事留余地，让双方都有回转的空间，这既是处世之道，也是一种修养。我们每个人都无法孤立存活于世，每一天的生活都在与他人共舞，所以给他人留余地，就是给自己留后路。如果贪图一时之快把话说尽、把事做绝，就如同砍光一片森林会引发泥石流，灭绝一个物种可能招致生态灾难一样，凡事太尽就有可能会招来祸端。而让自己和他人都能“事事有回转，时时有选择”，路才会越走越宽，越走越远。

不懂变通，蹉跎一生

“尽信书则不如无书”，古人常常用这句话劝诫人们不要死读书本、死守教条。读书做学问，如果完全相信书本上所说的话，不顾客观实际，照搬照抄，还不如没读过书。“郑人买履”讽刺的就是这种“尽信书”、死守教条，最后一事无成的人。

战国时期，有个郑国人，想买一双新鞋子。出门之前，他先用尺子量了一下自己的脚并记下尺寸，然后就高兴地赶集去了。

集市上，鞋店老板为这个郑国人拿了好几双鞋子。经过精挑细选之后，郑国人看中了一双鞋子。于是，他打算用事先在家里量好的尺码来量一下鞋子，看看新鞋的大小。但是，他一摸衣兜，发现自己走时匆忙，把量好的尺码忘在家里了！

他连忙对鞋店老板说：“实在对不起，我得赶紧回家一趟，去拿我鞋子的尺码，回来再找你，如果这双鞋子和我量过的尺码正好一样，我就买下鞋子。”说完，郑国人赶紧转身往家跑。当他以最快的速度跑回家，拿了量好的尺码又匆匆忙忙赶往鞋店时，却发现集市已经散了，鞋店打烊了，鞋子没买成。

辛辛苦苦跑了一趟却没买到鞋子，郑国人很失望，垂头丧气地往家走。邻居见他无精打采的样子，就问他出了什么事。他便把买鞋的经过一五一十地说给邻居。邻居听了很纳闷，就问他：“你买鞋的时候不是已经用自己的脚试过鞋子了吗？脚上穿着合适不就行了吗？”郑国人却十分严肃地回答：“那怎么行呢？！我只相信亲自量好的尺码，只有尺码才是可靠的，我的脚是不可信的。”

故事中，买鞋的郑国人宁可相信尺码，也不相信自己的脚，最后不但没买到鞋子，他的故事还沦为了人们的笑柄。现实生活中，像郑国人一样"只相信尺码而不相信脚"的人也大有人在。这类人死守教条、不知变通，缺乏独立思考，不能从实际出发，用灵活变通的方式处理问题。他们轻则把事情办砸，重则丢掉身家性命，如下面故事中的主角扶苏一样可悲。

扶苏是秦始皇的长子，他原本是一位很有前途的公子，可以继承帝位，却因为死守教条，在没有弄清事情的真相之前，为了严格遵守父亲的命令，就自杀而死，轻易将帝位让给了竞争对手。

扶苏年少时十分聪慧，而且非常仁慈。而他的父亲，也就是大名鼎鼎的秦始皇却以刚猛暴虐的施政风格而闻名，所以父子二人在政见上常常背道而驰。扶苏反对父亲实行的"焚书坑儒"等政策，认为天下未定，百姓未安，应该多以仁政来安抚民众。

秦始皇为此很生气，认为扶苏的性格过于软弱，今后很难坐稳皇位。于是，他便让大将军蒙恬带着扶苏去边境筑长城，一来是抵御北方匈奴的进犯，二来也想借此机会培养扶苏果敢、刚毅的性格。

此后几年，扶苏协助蒙恬在塞外修长城、讨伐边境敌军，立下了赫赫战功。扶苏不但指挥才能出众，还能谦逊待人、爱民如子，深得广大将士和当地百姓的爱戴。可以说，扶苏已经具备了继承帝位的实力。

但是，就在公元前210年，秦始皇在巡行天下的途中不幸病逝。临终前，秦始皇曾写下诏书令扶苏继承帝位。而当时的奸臣赵高、李斯等人和秦始皇的小儿子胡亥篡改了遗诏，让胡亥继承帝位，同时伪造诏书赐死扶苏和蒙恬。

一生忠诚于父亲的扶苏见到诏书后深信不疑，决定自杀，反倒是政治经验丰富的大将军蒙恬起了疑心，极力劝阻扶苏不要轻易相信诏书，建议扶苏再确认一下诏书的真伪，确认无误之后再死也不迟。可是扶苏深信这是父亲的意愿，他不肯违背。扶苏说："父亲让我死，还有什么好确认的呢？"说完他便自杀了。

公子扶苏表面上死于奸臣的阴谋算计，其实是死于自己的愚忠愚孝。违抗父亲的命令固然会沦为不忠，但他这种唯命是从的行为是相当愚蠢的。但凡扶苏能听一听蒙恬将军的劝告，冷静地想一想变通之道，也不至于让胡亥等人的阴谋得逞，更不会有自杀身死的悲剧发生。

我们的周围不缺乏像扶苏一样胸怀壮志、才华出众却四处碰壁的人。他们之所以难以取得成功，最主要的原因就在于做人、做事过于死板，此时不知变通。做人做事有尺度、讲原则的确没错，但一味死守教条，不知变通，只能白白地蹉跎岁月，错过成功的好机会。此时不如换个方式，跳出固有思维，让脑筋转个弯，也许就会发现柳暗花明又一村。

遵守客观规律，顺势而为

生活中、职场上，我们总能发现这样一些人，他们遇到事情很少能旗帜鲜明地表明自己的立场，常常扮演“和事佬”“老好人”的角色，到处无原则地“和稀泥”。而他们这种明哲保身、圆滑狡黠的处事方式却被有些人简单粗暴地理解为“中庸之道”。

这是对“中庸之道”的严重误读。要知道，“和事佬”“老好人”和中庸之道有着本质的区别。前者的出发点是自身利益最大化，而中庸之道追求的是在相对复杂的情况下，遵循客观规律，顺应变化，顺势而为。

说起顺势而为，借势成事，我们一定要说说闻名全国的上海小吃“梨膏糖”的创始人发家致富的故事。

光绪年间，上海有位姓李的老板，开了一家水果店，生意做得很火。有一年，李老板从山东购买了几十篓梨运往上海。结果梨子在路上被雨淋湿，都烂掉了。正巧，水果店的对门住着一对姓王的邻居，夫妻二人生活很苦，见李老板在犯愁那些烂梨，就恳求他把烂梨低价卖给自己。李老板很爽快地答应了。

夫妻俩把梨子烂了的部分削掉，留下没烂的切成小块，用糖腌起来做成梨膏，一上市就被抢购一空。水果店的李老板非常嫉妒、非常生气，就在这对夫妻的梨膏店墙上画了只乌龟，羞辱他们。

结果，梨膏店夫妻看到之后并没有生气，反而顺势想道：

“不如用乌龟当商标。梨膏糖润肺止咳，延年益寿，正好可以用长寿的乌龟做代言。”从此，乌龟就成了梨膏糖的商标，驰名全国。

如果要总结梨膏糖创始人的成功经验，完全可以用一个词来概括——顺势而为。顺势而为如同顺水推舟，让王氏夫妇事半功倍。夫妻二人先是借了水果店的“势”，低价购进烂梨，压低成本。接着又借了“乌龟长寿”“梨膏益寿”的“势”，唤起百姓对梨膏糖的认同，使产品迅速有了市场。

与顺势而为不同的是，“和事佬”“老好人”们的行事风格不在于借着趋势有所作为，而是注重如何投机取巧地“选边站”。他们也因此被称为“墙头草，随风倒”，从自身利益出发，见风使舵，哪边强势就随哪边，企图依附于强势的一方，“靠着大树好乘凉”。这不由得让人想起一个流传很久的寓言故事。

很久以前，鸟类和兽类之间爆发了一场激烈的战争。一旁观战的蝙蝠在心里打起了小算盘：“鸟类和兽类现在打得不分胜负，我现在先观望观望，最后哪边获胜就站哪边。”

战争进行了一段时间之后，鸟类获得了胜利。蝙蝠赶紧飞到鸟群中，大声说：“啊！我们终于把那些残暴的野兽打跑了，真是太高兴啦！”

鸟群中领头的老鹰觉得奇怪，问蝙蝠：“你怎么会在这里？”

蝙蝠说：“我们是一伙的呀，你看我有翅膀，又能飞，所以我们是同类啊！”此时，鸟类十分需要增强战斗力，希望有新伙伴加入，于是就接受了蝙蝠的加入。

可是，当战斗再次打响后，蝙蝠又溜到一边观战，并没有和鸟类一起参战。很快，战势发生了转变，兽类取得了胜利，他们欢呼着庆祝胜利。蝙蝠又赶紧跑到兽类的阵营，说道：“啊！我们终于把鸟类打败了！实在太棒了！”

兽类中领头的狮子纳闷地问蝙蝠：“你是谁？”

蝙蝠说：“我们是一伙的呀，你看我的头和身体像老鼠一样，而且我用乳汁喂养后代，和你们是一样的呀。”狮子想了想，也接受了蝙蝠为队伍中的一员。

后来，战势又发生了反转，鸟类再次获胜。但是，这一次鸟类发现了蝙蝠的投机行为，很不客气地对它说：“你不是鸟类！滚出去！”当蝙蝠想溜进兽类的世界时，兽类们也嚷道：“你不是走兽！滚出去！”最后，蝙蝠只好躲进了森林深处，把自己藏在树洞里，白天藏起来，天黑了才敢出来觅食。

蝙蝠的境遇很好地说明了什么是“墙头草，随风倒”，这类人没有自己的想法和立场，也没有什么建树和作为，只想像个寄生虫一样在强者身上捞取好处，结果往往是遭到所有人的抛弃和唾骂。

一个人能否干成一番事业，在一定程度上取决于这个人的胆识和才华，但也不能忽略趋势的作用。正所谓时势造英雄，很多怀才不遇的人，并不是真的没有本事，恰恰是没有好好把握机遇和趋势，甚至是逆势而动，费了九牛二虎之力却无济于事，只有望天空叹生不逢时。只有抓住机遇，主动适应世界，才会顺风顺水。

不自甘平庸，懂得因势利导

时下的网络流行语中，有一个非常博人眼球的热词——“躺平”。它是指妥协、放弃、躺倒在地，无所作为。有人还把它和“中庸”联系起来，认为中庸就是躺平，放弃理想和追求，得过且过。其实，这是自甘“平庸”，而绝非“中庸”。真正的“中庸”是“致中和”，是做人做事不急不缓，遇事不怯懦、不激进、不走极端。

> 传说，在中国的上古时代，非常贤明的部落首领舜，他本身天分过人但却十分谦虚，不会过分彰显自己的才华、炫耀自己的能力。他在执政期间广开言路，虚心听取大臣和百姓的意见，同时又能认真加以审视，因势利导，发扬其中好的一面，去除坏的一面，提取最有价值的部分用在自己的施政策略中，从而使百姓安居乐业，天下太平。

后世称赞舜能采用“中庸之道”，避免过于专制和偏激。采用最合乎尺度的正道，不但得到了全天下人的智慧，也达到无为而治的自由境地，实在是一种大智慧。

相比自甘平庸、躺平，中庸之道的高明之处还在于，它强调“有所为，有所不为”。它认为：人的能力是有限的，所以要审时度势，懂得自己能做什么，不能做什么，把能做的事情做好，才更容易成功。

在《孙子兵法》中，有个“围魏救赵”的故事，说的就是孙膑能够充分用军事能力定下战略，最后取得战争胜利的故事。

公元前 354 年，魏国派精锐之师围困赵国都城邯郸，赵国向齐国的齐威王求救。齐威王派田忌、孙膑率兵前去解救赵国。

大将田忌准备直接对阵魏军，通过与魏军正面交锋，替邯郸解困。军师孙膑却认为这个方面不可行。一来，赵、魏两国打架，作为劝架的齐国，直接上去打并不是一个好办法；二来，与魏军的精锐部队硬碰硬，可能会让齐军付出惨重代价。与其争得鱼死网破，不如另辟蹊径。

最后，孙膑建议：“魏国如今把所有精锐部队都集中在了赵国的邯郸，魏国的后方肯定是空虚的，如果此时我们带兵假装攻打魏国的都城大梁，那么魏国的精锐部队肯定会马上放弃赵国，回师自救。而齐国军队可以埋伏在途中，趁魏军疲惫回撤之际伏击他们。这样一来，不但能解邯郸之围，还能痛击魏国。”最终，齐国军队果然很快救下了赵国，还顺手教训了魏国。这就是历史上有名的“围魏救赵”。

“围魏救赵，攻敌之必救。”军师孙膑的用兵策略给我们的启示就是：强敌当前，不要急于冒进，一味向前冲，要为所当为，看看敌人有没有薄弱之处，以便拿住敌人要害，避实击虚，避其锋芒，迂回前进。

而这也是中庸之道的又一个精髓所在：试着抓住事物的本质，不被表象迷惑，在更高的层面上思考问题。就好比前面有大河拦路，最好的办法绝不是填平大河，而是搭桥或是划船更为明智。在充分了解环境的前提下，发挥自身优势，顺势而为，就能用最小的努力收获最丰厚的成果。

第二章

外圆内方：做人要方，做事要圆

“外圆内方”被很多中国人奉为修身、治家之道。伟大的教育家黄炎培先生在教导儿子如何做人时曾说：“取象于钱，外圆内方。”意思是做人要像古代的钱币一样，外圆内方。

“圆”，是做事要讲究变通、圆融；“方”，是做人要有原则、有底线。方圆适度，是为人处世的最高境界和至高学问。

胡雪岩“PK”孔融

千百年来，“方圆之道”一直被认为是中国人做人、做事的成功心法和立世之本。其中，“方”是做人做事的根本和底线，“圆”是变通、是方法。以方圆之道处世，我们就能适应社会潮流，实现自己的人生理想。在方圆之间，“方”尤为重要，一个人要想立于天地间就必须做事有原则、讲诚信，否则就失去了立足之本。这一点，清代著名商人胡雪岩深谙其中的道理。

胡雪岩是清代有名的大商人，他做生意非常注重诚信，有时甚至为了诚信不惜损失钱财。他一生做过很多生意，尤其以做钱庄最为成功。

有一天，胡雪岩的钱庄来了一位叫罗尚德的军官，要把

1.2 万两白银存到柜上，但他却提出两个很奇怪的要求：一不要存折；二不要利息。

胡雪岩自经营钱庄以来从未遇到过这样的事情，很是好奇。要知道，1.2 万两白银可不是个小数目。在那个时候，一两白银就能买到 70 多斤大米，1.2 万两银子，光是利息就够当时一个普通家庭用一辈子的了。

而且，不单是不要利息，这位罗尚德军官连存折也不要。那就意味着，如果钱庄不认账，这笔钱就打水漂了！

胡雪岩上前仔细询问，了解到：原来罗尚德早年嗜赌成性，弄得妻离子散，无家可归，即便要了存折也没有人可以托付。而且，罗尚德刚刚接到命令，要去前线参战，想到自己万一战死沙场，存折即便带在身上也没有什么意义。

而罗尚德之所以做出这样的决定就是冲着胡雪岩的信誉来的，他确信胡雪岩不会私吞了他的钱。即使没有存折，到时候如果自己战死了，他还可以事先委托同乡来钱庄取钱，把钱送回老家替他还债。

胡雪岩听了罗尚德的讲述后，二话不说，不但为他办理了存折，还利息照算。最后，胡雪岩把存折交到柜上代管，嘱咐罗尚德随时可以来取。

几年之后，罗尚德沙场殒命，他临终前委托的同乡来找胡雪岩取钱。

本来，这位同乡还担心胡雪岩会不认账。但让他没想到的是，当胡雪岩听到罗尚德的名字后，认真核对了同乡的身份，便把银子连本带利一两不差地交到了同乡手上。

此后，胡雪岩的声誉在军队里一下传开了。官兵们都纷纷把自己的积蓄存到胡雪岩的钱庄上，他的钱庄生意也从此蒸蒸日上。

胡雪岩讲规矩、守信用，为自己赢得了良好的信誉和多数人的信任，生意也因此越做越大。从他的处世之道中，可以看到他为人方正、做事严谨的良好品格。

不过，同样是为人方正，以“三岁让梨”而闻名古今的孔融却因为方正过了头，导致虽有一身才华与名气，却没有成为他发展的助力，反而引来了杀身之祸，甚至殃及全家。

曹操在创立霸业之初，广揽天下人才，有人把才华和名气都十分过人的孔融推荐给曹操。曹操最开始非常尊重孔融，想利用孔融的才气和名望为自己招贤纳士，一统天下。

孔融也给曹操提供了很大的帮助。但是，在两个人相处的过程中，一旦曹操犯了错或是做了什么让孔融看不惯的事情，孔融就会立马指出来，甚至对曹操冷嘲热讽。

有一次，曹操杀了袁绍，攻下了邺城，为笼络河北豪强的人心，曹操让儿子曹丕娶了袁熙的妻子甄宓。孔融便上表对曹操说：“武王伐纣，把妲己赏赐给周公。”曹操没太明白孔融的话。孔融更加不屑地说道：“你的儿子娶了袁熙的妻子甄宓，用你们做的这个事情衡量一下，就明白了。”

孔融说这话的意思就是把甄宓比作妲己，把曹操、曹丕父子分别比作了武王和周公，而武王和周公根本就是兄弟关系！这让曹操非常震怒。

后来，孔融给朝廷提出的一个建议，成了他的最后一道催命符。

在曹操要征讨刘表之前，孔融向朝廷提议：首都周围一千里之内不应该分封诸侯。如果这条建议得以实施，那将意味着曹操的封地可能要封到东北或岭南，而这两个地方在当时都是用来流放犯人的。孔融的建议不但堵住了曹操的晋升通道，也让当时所有的读书人失去了晋升的机会。孔融因此成了朝廷官员和天下士子所有人的敌人。最后，孔融的政敌们忍无可忍，他们一起给孔融构陷了多个罪名，最后使得孔融及其全家都被诛杀。

才华卓绝的孔融为了坚守自己的政治立场，无视曹操的感受和底线，一再忤逆曹操，甚至是明里暗里辱骂他。曹操作为一个大权在握的统治者，纵使再有容人的雅量，也无法容忍孔融如此无礼的挑衅。更何况，孔融得罪的并不只是曹操一个人，而是当时的整个利益集团！这也注定了孔融的悲剧。

胡雪岩和孔融的故事告诫我们：一个人要想成就一番事业，首先要有自己的原则和底线，做事有主张，行动有指南，否则就像没头苍蝇一样到处乱撞，最后将一事无成。但是，如果一味固守原则和底线，不知变通，又会沦为有勇无谋。这样的人在社会上常常被人排挤，很难立足。成熟的处事方式应该是方外有圆，圆中有方，方圆相济，这样才能在社会生活中占有一席之地，在社会上、职场中获得更大的发展。

有变则通，能通即活

在日常生活和工作中，我们每天都要面对层出不穷的矛盾和变化。以不变应万变固然是一种省时省力的应对方式，但有时过于坚守，可能会让我们走进死胡同，而采取灵活变通的方式来应对外部世界的变化，则可能会让我们以更快的速度达成目标。俗话说“有变则通”，遇事灵活机变才是我们应有的态度。

三国时期的曹操常常被人们看作是谙熟“变通”之道的典型，是一位精通机变之术的“智者”。后世广为流传的关于曹操“割发代首”的故事，说的就是他处事灵活，善于变通的故事。

有一次，曹操在带领官兵行军时经过一片麦田。曹操命令官兵不准践踏庄稼，如有违反一律斩首。于是，官兵们小心翼翼地穿过田地，没有一个践踏麦子的。周围的百姓见了之后纷纷称颂曹操带兵有方。

不巧的是，正当曹操也牵着马小心地穿行在麦田里时，一只大鸟忽然飞出来，使曹操的战马受到惊吓，踏坏了一大片麦子。

见此情景，曹操立刻叫来主管军纪的执法官，要求他按照军法从严处置自己。执法官非常为难。曹操却很坚决：“我自己下达的禁令，全军都要遵守。如果我本人违反却不做处罚，怎么让官兵们服气呢？”

说完，曹操抽出佩剑要自刎，左右随从见状急忙拦住。就在这时，曹操的谋士郭嘉解围说：“《春秋》有言，法不加于尊。”以此为曹操开脱。意思是《春秋》上有句话说，法律制度不应该束缚身份尊贵的人。曹操想了一下，说道：“那我暂且免于死罪吧。”说完，再次郑重地拿起佩剑，割下了自己的一束头发，交给部下说：“虽然免了我的死罪，但还是要割掉我的头发来代替我的头。”之后，曹操又派手下把他的头发在官兵中传示。

在古代，古人讲究“身体发肤受之父母”，是不可毁伤的，割掉头发被视为是“不孝”的大罪。所以曹操在军前“割发代首”以明军纪是相当有震慑力的。将士们看后，更加敬畏曹操了。

曹操以“割发代首”的变通之计保全了自己，同时也达到了明军纪、震慑官兵的目的。他的故事告诫我们：坚守原则固然重要，但是如果不知变通，在面临危险或尴尬时就会被逼入绝境。而学会圆融机变，则可以保全自己。

圆融处事还表现在当我们处于劣势，或是强敌环伺时要学会示弱。比如，向强大的对手表示自己的忠诚和善意，放低姿态，掩饰自己的锋芒，让对方感受不到你的威胁，放松对你的戒备和加害，这样我们就有机会发展自己。对于这一点，三国时的刘备给我们做了很好的榜样。

三国时期，董承约刘备联盟抗曹，但刘备当时正依附于曹操，他怕曹操对自己起疑心，就假装无所事事，每天到后园种菜，不问政事。精明的曹操觉得像刘备这样有志向的人物突然做起了农夫，似乎有悖常理。

为了试探刘备，他就派人将刘备请到自己家中饮酒。酒席间，曹操用话试探刘备："当今天下，若论能称得上英雄的人物，只有你刘备和我曹操了！"刘备听后大惊，以为自己和董承联盟的事情败露了。惊吓之中，手里的筷子都掉在了地上。为了掩饰自己的心思，刘备还说自己是因为害怕雷声才吓掉了筷子。

刘备的表演蒙蔽了曹操，使他相信：刘备是个胆小怕事的人，连雷声都害怕，根本不是什么有气魄的英雄。于是，曹操放下了对刘备的戒备之心。

刘备菜园种菜，不问世事，其实是在强敌曹操的威胁之下采取的一种示弱的策略。刘备知道，当时的自己还没有足够的能力和曹操抗衡，为了防止曹操的迫害，刘备便把自己伪装成懦弱的小人物来蒙蔽曹操，以退为进，趋利避害，最后终于成功脱险。这是刘备在逆境中灵活机变的生存手段。

在职场当中，我们也发现，许多成功人士一生不败，关键就在于他们为人处世的圆融之道，在坚守原则的同时适应变通，使工作更加得心应手，也因此赢得了他人的好感，为自己积累了丰厚的人脉。

职场打拼多年的黄女士讲述了自己的一个亲身经历。她当时在A公司供职，带领一支团队主管数据分析，公司其他业务部门需要获取数据时都要找黄的团队帮忙。为了防止员工私下盗取数据，黄女士与各个业务部门的领导达成一致：任何人提取数据，都需要该部门主管和黄女士同时批准才能获得，并把这一条上升为公司制度，要求所有人严格遵守。

有一天，黄女士在办公室看到一位部门经理正在低声下气地和她的一位下属说着什么，态度让人感觉有点可怜。黄女士便走过去了解事情原委。

经过询问，黄女士了解到，这名产品经理在央求黄的下属临时提供数据。因为他之前工作过于繁忙，错过了提取数据的时机，等今天要向公司高层做汇报时，才发现自己的工作疏漏。他自然不敢写邮件向自己的主管申请特批，只能在这里苦苦哀求，求黄的下属网开一面，紧急提供数据给他。

了解情况后，黄女士便让下属帮这位经理拉了数据，但也告诉他下不为例。产品经理非常感动。待经理离开后，黄女士的下属抱怨道："明明公司严令遵守的规矩，是他自己不能遵守，我们为什么要为他破例？"黄女士听了下属的抱怨后，不但没有生气，反而一边夸奖这位下属严守纪律，一边也和下属讲明了道理："虽然我们拒绝这位产品经理是在情理之中，但如果就是为了坚守死规矩而拒绝他，不但影响他的工作汇报，还会耽误整个公司的工作；再者，对方身为产品经理，放低身段央求我们，如果我们还无情拒绝，作为同事日后也不好相处。而且，从对方的态度来看，他真的是因为一时疏忽造成了工作失误，不是有意为之，所以为他破例一次，他多半会铭记在心，不会再犯同样的错误。"

正如这位黄女士所说，工作中死守原则很容易，只要铁面无私，和机器人一样照章办事就可以万事无忧，出了问题也是制度问题，与己无关。而根据不同情况，在合理范围内加以变通，则很冒险，因为一旦出了问题，就会追究到个人责任。但是，正是因为太多的人本着“多一事不如少一事”的原则，死守既定规章，让工作变得没有温度，不近人情，也让公司在这种无意义的“坚守”中付出代价。而黄女士的所作所为则为我们做了一个很好的榜样。在坚守原则和灵活变通之间找到平衡，在维护原则的同时更好地推进事情的进展，能够做到这一点的人，是敢于承担、勇于任事又处事灵活的人，这样的人只要时机成熟，总能做出一番成绩。

宽容是一种无坚不摧的力量

在《西游记》里，师徒四人当中，武力值最弱的当数唐三藏，既没神通又没武功，每天除了念经，什么本事都没有。然而，四人当中最厉害的也是他，因为他可以让三个本事通天的徒弟围着他团团转。他靠的是什么？靠的就是宽厚和慈悲，把三位本领高强却个性十足的徒儿们凝聚在一起，历经九九八十一难，最终完成了西天取经的宏伟大业。

唐僧的事例告诉我们：一个人一旦具备了海纳百川的胸襟和气魄，他就具备了无坚不摧的力量。在中国浩如烟海的历史典故和传说中，就有不少相关的美谈，“负荆请罪”就是其中一例。

> 战国时期，赵国的蔺相如凭借过人的胆识和出色的应变能力，不惧秦王的淫威，在朝堂上怒怼不讲信义的秦王，最终将和氏璧完好地带回赵国，立下大功，被赵国国君封为

上卿。

赵国的大将军廉颇很不服气，他对属下抱怨："我几十年在战场上出生入死，为赵国守住大片疆土，而蔺相如没什么本事，却只凭一张嘴就做上了上卿，地位比我还高！真是让人咽不下这口气！以后要是让我遇到蔺相如，一定要给他点儿颜色看看，看他能把我怎么样！"后来，廉颇几次在路上遇见蔺相如的车驾，故意让车夫把自己的马车驶过去冲撞对方，但都被蔺相如躲开了。

蔺相如的一些门客知道这个情况之后，很是生气，他们指责蔺相如不应该如此畏惧廉颇。蔺相如就耐心地说服门客："廉颇将军和秦王相比，谁更厉害？"门客回答："自然是秦王厉害。"

蔺相如解释道："像秦王那么厉害的人，我都敢当面指责他、侮辱他，难道我还会怕廉颇将军吗？如果我与廉将军起了冲突，就如同两虎相斗，必有一伤。而赵国，恰恰是因为有廉将军和我同在，秦国才不敢来侵略，我现在之所以回避廉颇将军，是以赵国的安危为重，而把我们的个人恩怨放在后面啊！"门客们一听，莫不佩服蔺相如博大的胸襟。

不久，这些话就传到了廉颇将军那里，他感到非常羞愧。于是，廉颇脱去上衣，背着荆条，到蔺相如的府上请罪。从此，廉颇与蔺相如成了"刎颈之交"的好朋友，为赵国的安宁和繁荣同心协力。

蔺相如在私人恩怨面前能够以大局为重，豁达宽厚地容忍廉颇的挑衅，这是他心胸宽阔、处事圆融的表现。这样的心胸和智慧从大的方面讲可以维护一个国家的安宁与和平，从小的方面看还能在关键时刻救自己一命，“穆公亡马”说得也是这样的道理。

春秋时期，秦国的第九位君主秦穆公势力很大，被列为春秋五霸之一。有一天，他非常喜爱的一匹骏马走丢了，他亲自去找。结果发现他的马被三百多个乡人宰杀吃掉了！

秦穆公的随从们打算抓捕这些人严加惩处，但秦穆公却制止了随从，还说：“我们不要因为一匹马而伤害三百多人的性命。”又转身对那些吃了马的人说：“我听说吃马肉不喝酒会伤害身体，我这里带的一些酒就赏给你们喝吧。”那些吃了马肉的人都羞愧地低下了头。

不久之后，秦国和晋国交战。吃马肉的那三百多人听到消息后便一起奔赴战场，为秦军助战。他们正巧看到秦穆公的战车陷入重围之中，秦穆公的性命危在旦夕。这三百人便争先恐后地高举武器冲上去解救秦穆公，晋军很快被击垮，秦穆公得以脱险。

后来，秦穆公因为治国有方，秦国势力逐步增强，秦穆公最后称霸诸侯。

秦穆公以宽厚仁爱之心，对待杀了他爱马的三百乡人，结果意外得到了丰厚的回报，凭借着三百人的帮助，保全了自己的性命，并成就了自己的霸业。这正如荀子所说：“人，力不若牛，走不若马，而牛马为用，何也？人能群，彼不能群也，”意思是人的力气没有牛大，跑得也没有马快，但人却可以役使牛和马为自己劳作，就是因为人可以团结同伴一起合作干大事。

荀子所言用现代话来解释就是：我们的社会是由人与人之间的各种关系构成的，没有人能够完全隔绝于世而孤立存在。人们要想做一番事业，便要凝聚群体的力量来实现。谁能凝聚人心，谁就能做成大事。这个道理无论古今中外，都同样适用。

历经半年时间，经过激烈的职场政治斗争，销售部的王经理终于洗清冤屈，打败了死对头——销售部原副经理李明，得以“官复原职”。上班第一天，王经理就收到秘书转发过来的好几封邮件，都是他手下的员工写给他的死对头李明的。

在王经理被冤枉离职期间，这些员工为了保住自己的工作，纷纷向有可能顶替他位置的李明示好。邮件中，有的员工吹捧李明的人脉如何如何广泛，有的员工表达对李明业务能力的仰慕，都表示要追随李明。

看过这些邮件后，王经理沉思了很久，他的一位得力助手建议他把这些员工统统辞掉。可王经理却说：“当初李明的优势那么明显，而我却蒙冤被解聘，这些人当初投靠李明也不过是为了保住自己的饭碗而已，又能有什么过错呢？我们应该理解他们的做法，只要他们日后能好好工作就行了，不必计较这些过去的事情。”后来，他还让秘书把这些邮件全部都删掉，不再追究。

那些写过邮件，或是对李明表达过忠心的员工知道了王经理的举动后，都被他的宽宏大度感动了，更加卖力地在他手下工作。还有几位员工把自己的朋友也介绍过来，一起帮王经理做业绩。

心胸宽广的王经理，面对员工曾经的背叛不仅没苛责他们，反而设身处地、换位思考、将心比心，最终赢得了更多的人心。

我们生活、工作的地方就是一个个小社会，里面集中了形形色色不同生活经历、不同文化背景的人，大家能一起共事、一起生活，靠的就是互相理解，彼此包容。就如泰山不嫌弃微小的泥土，最终形成了一座高大的山峰；河海不拒绝细小的水流，最终成就了自己的深邃。一个人要想立足社会，就要学会涵容他人的不足，进而博采众长来成就自己。

只可借鉴，不可照搬

我们每个人可能都有这样的习惯性思维：面临新的学习或工作任务时，多借鉴他人的经验和技巧有利于我们更快地熟悉业务或是完成任务。事实也多半如此，他人的成功的确可以给我们提供一些有价值的参考，甚至让我们走一些捷径。但是，如果我们一味轻信依靠他人的经验就能成就自己的事业，而不考虑自身的实际情况，就可能让自己陷入危机而不自知。

鲥鱼、刀鱼曾经是长江上盛产的美味，它们以肉质鲜嫩可口而闻名全国，是十分难得的美味佳肴。

有意思的是，虽然这是两种完全不同的鱼，但是渔民们在捕捞它们时用的却是同一种网。在网的下端悬挂铁坠，放入水中，两边用小艇拖着，拦截鱼群。当头小身子大的鲥鱼触到网眼时，它的头是钻过去了，但又扁又宽的身体却卡在网眼里。这个时候，如果鲥鱼能后退一步就完全可以脱网逃命。但是，要知道，这种鱼又叫“惜鳞鱼”，它们非常爱惜自己的鳞片，生怕后退时会被网绳刮掉鳞片，所以就继续向前猛冲。结果越冲，它们卡得就越死，最后被网绳缠住，只能束手就擒。

和鲥鱼同时被网罩住的刀鱼眼见鲥鱼被抓，心想：鲥鱼真是个死心眼，明明后退一步就能活命啊！于是，被困在网眼中的刀鱼迅速后退。但它不知道的是，它和鲥鱼的身体结构完全不同，它的背上有密集又坚硬的鳍，这些鳍在游动时会撑开，所以当它在网眼中后退时恰恰被撑开的鱼鳍卡住了。此时，它只需向前用力一冲就能轻松穿过网眼获得重生。但是由于它执意要吸取鲥鱼的教训，拼命后撤，结果适得其反，越后退越是被网眼死死卡住，直至无法动弹。

不知变通、喜欢生搬硬套别人经验的人就如同故事里的刀鱼一样，常常是看到别人出了问题，就以为只要汲取对方的教训，照搬对方的经验就可以避免重蹈覆辙，却看不到自己和人家的差异，结果陷入了另一个更致命的误区之中，被自己的狭隘和固执害死，还不知道究竟错在哪里。

小敏大学毕业后来到北京，在一家外企打拼了近三年。最近她越来越不开心，激烈的同伴竞争，滚雪球似的工作任务，让她倍感力不从心。她后悔当初真不应该不听父母的劝阻，跑出来北漂，目前的生活和工作根本不是自己想要的。

原来，毕业招聘时，小敏有一个很好的机会，可以进入一家大型国有企业，像她的父母一样有一份稳定的工作，收入虽然不是很高，但在工作之余可以很好地安排自己的生活，甚至可以凭自己的爱好搞一份兼职。但是小敏因为看到早她三年毕业的表姐在北京工作，事业如鱼得水，生活有模有样，不但拿着高薪，每年还可以出国游，满世界玩。小敏非常羡慕，便决定放弃进国企的工作机会，去北京投奔表姐。

结果，到了表姐那里，她才发现，表姐的潇洒是有代价的。表姐几乎每天都要加班，晚上九点前到家都算是早的，周末也要随时接听工作电话。每年只有在休年假的时候才可以报复性地放松一下，满世界疯一疯，算是犒劳自己。但是，和小敏不同的是，表姐性格开朗，精力十足，是个闲不下来的人，忙碌的工作对她来说是一种享受，所以即便工作有压力，表姐也乐在其中。

而小敏其实更喜欢按部就班地安排自己的工作和生活。如果像表姐那样，周末还要时刻支棱着耳朵，随时准备接听公司电话、随时准备进入工作状态，对她来说简直是一种折磨。但是，开弓没有回头箭，当初那么不顾父母反对跑出来，总得试一试才知道行不行。最后，小敏只好硬着头皮，找了一份压力没有表姐那么大，收入也算可以的外企工作，想把自己稳定下来再说。但是工作三年下来，她发现自己还是无法适应这样的工作和生活状态，甚至因为工作压力过大一度出现了抑郁情绪。

最后，在表姐和父母的安慰和劝导下，小敏终于放弃了北漂。回到老家后，小敏通过了公务员考试，找到了一份理想的工作。

小敏因为羡慕表姐潇洒的北漂生活，就以为自己也能像表姐一样，享受在大城市打拼的快乐，却没有看到自己和表姐之间巨大的差异，结果耽误了自己三年的好时光。不过幸亏她能及早发现问题，并趁着年轻及时转换生活方向。

小敏的经历也提醒我们："昨天的太阳晒不干今天的衣裳。"昨天的太阳是属于昨天的，今天的衣裳是否晒得干要看今天天气的好坏。同样道理，他人的经验也只是从他人的实践中总结而来的，每个人的情况都各不相同，正所谓"汝之蜜糖，彼之砒霜"。在他人那里行得通的好办法，在我们这里可能就成了招致失败的昏招。如果我们不能结合自身情况变通处理，那么，毁掉我们的，可能恰恰就是这些别人的成功经验和看似有效的原则。所以，他人的经验只可借鉴，不可照搬。

愚公移山的另一种可能

我们在上学的时候，可能都学过《愚公移山》这篇课文。说的是年近 90 岁的愚公为了改善子孙后代的生活环境，带着邻里乡亲锲而不舍地搬走大山的故事，赞扬了愚公面对困难不畏艰险、坚持不懈的拼搏精神。

近些年来，有人对"愚公移山"提出了新的见解和看法，认为愚公其实完全可以带着子孙们迁居到宜居的地方，这样远远要比"移山"更省力、省时。这种见解虽然听上去是在开玩笑，但细细想来却不无道理，它似乎揭示了一个真相：同样一个问题，当我们用常规方法解决起来非常困难时，不妨用逆向思维来思考和看待它，也许能找到更好的解决办法。下面这个小故事就是用“逆向思维”达成目标的例子。

清朝末年流传着一个很有趣的民间故事。齐明是一个倒卖粮食的粮商，有一年，为了扩大规模，他借了高利贷来周转资金。但很不幸的是，第二年因为天灾，齐明承包的地块粮食歉收，导致他资不抵债，被债主逼上门来讨债。

有一次，当债主到齐明家里催债时，碰巧遇到了齐明的女儿，债主贪恋齐明女儿年轻貌美，就向齐明提出，如果能把女儿嫁给他，齐明就不用还钱了。但是齐明的女儿已经和意中人订了婚，不愿意嫁给债主。

债主便心生一计，说：“我们可以下个赌注。”说完，他写了两个纸条，对齐明的女儿说：“这两张纸条里，一个写着‘嫁’，一个写着‘不嫁’，如果你抽签抽到了‘嫁’，就要嫁给我。如果抽到另外一张，就还你自由。当然，只要你敢和我下这个赌注，不论你嫁不嫁给我，你父亲欠我的钱都不用还了。”齐明的女儿听了，觉得虽然很冒险，但是如果能帮父亲免除高额的债务，也是值得的，便答应和债主赌一把。但是，她没想到的是，这个债主玩了个花招，在两张纸条上写的都是“嫁”。债主洋洋得意地想，只要齐明的女儿肯答应和他赌，他就一定能娶到她。

赌注开始了，当齐明的女儿把手伸向其中的一张纸条时，她细心地发现债主的脸上闪过一丝不怀好意的笑。齐明的女儿预感到事情不妙，她犹豫了一会儿，然后果断地拿起一张纸条，并迅速地塞进嘴里。众人正在惊讶时，齐明的女儿看向债主，说道："你刚才说过，两张纸条分别写了'嫁'与'不嫁'，现在你把剩下的纸条打开，就知道我抽的那张上写的是什么了。"

债主一听立马知道中计了，但是在众人面前又不好发作，只得打开剩下的纸条，上面写着大大的"嫁"！就这样，齐明女儿用自己的机智，逆向思考，既摆脱了债主的纠缠，又替父亲免除了债务，真是大快人心！

故事中，按正常逻辑来说，齐明的女儿无论抽到哪张纸条，对她来说都是一条绝路。但是这个聪明的姑娘觉察到事情不对头以后，没按正常的思维出牌，而是逆向操作，既保全了自己和父亲，还把债主打了个措手不及。无独有偶，大学生李晓也是通过逆向思考，解决了让自己头疼的问题。

大一暑假，刚刚放假到家的李晓就接到妈妈的"命令"——给即将升入初中的弟弟辅导功课。李晓"领命"后不禁叫苦连连，因为弟弟虽然很聪明，但是为人实在太懒了。李晓还记得家里每次爆发"亲子大战"，都是因为弟弟不爱写作业，被爸妈吼来吼去，最后导致双方情绪爆发。

面对懒惰的弟弟，李晓一开始试着循循善诱，给弟弟讲道理，试图感化他，甚至还自掏腰包奖励弟弟，只要他肯按时写作业。但弟弟总是笑嘻嘻地逗李晓开心，就是不肯动笔写作业。李晓感到很挫败，也替弟弟着急，却一时想不出什么好办法。

有一天，当她和弟弟一起看电视时，正看得入神，弟弟突然激动地站起来，指着电视说："刚才那段解说词说错了，我们的地理课本上不是这么说的。"说着，弟弟飞快地找来地理课本，还搬来权威的地理百科全书，经过查证，李晓发现果然是弟弟说得对。

就在弟弟为此一脸得意的时候，李晓忽然灵机一动，说："弟弟，你既然这么爱挑错，不如你的作业我来做，你帮我批改怎么样？"被好奇心驱使的弟弟不明白这是姐姐的计策，很高兴地答应了。

接下来，李晓每天认真"完成"弟弟的暑假作业，然后交给弟弟批改。弟弟觉得这种方式很好玩，便认真地给姐姐批作业。结果发现，姐姐作为一个大学生，做起小学生作业来却总是错漏百出，这让他在批改时不得不十分耐心仔细，有时还要把严重出错的题目重新给姐姐演示一遍。

几天下来，弟弟终于发现，其实这是姐姐为了让自己好好写作业而使出的小伎俩。但是他觉得，这种自己当老师批作业的方式实在是很好玩，一点都不像自己闷头写作业时那么枯燥无聊，而且这样记下来的知识更扎实，也就继续开心地陪着姐姐一起"玩游戏"。

暑假结束前，李晓不但陪着弟弟顺利完成了作业，而且还帮弟弟养成了自己检查作业、修改错题的好习惯！

李晓能够成功辅导调皮懒惰的弟弟顺利完成暑假作业，在于她突破了以往惯有的思维模式，站在弟弟的视角上，通过逆向思考，不再以老师和家长的角色逼迫弟弟写作业，而是和弟弟互换角色，让他当老师，给姐姐批改作业。这种做法消除了弟弟以往被迫写作业的反感和对立情绪，结果双方皆大欢喜。

上述两个故事带给我们的启示是：同样一件事，进行反方向思考时，会发现原本山穷水尽的状况，可能很快就会迎来柳暗花明。遇到困难，打开思维，多一些头脑风暴，不要在一条道上跑到黑，那么面前的困难可能就会成为我们的机遇。

小节隐忍，大事精明

俗话说“大事要方，小事要圆”，意思是做重大决策时一定要坚持原则，明确方向，不能跑偏；在小节上则要灵活通融，甚至为了顾全大局，可以适时作出调整和让步。三国时期的刘备就是一位精通方圆之道，也是一位以“忍”术而闻名的帝王，他大事上精明，小事上隐忍，最后建立蜀汉，成就帝业，可谓一代英雄。

在曹操与刘备的多年对峙中，新野之战至为关键。当时，曹操派三万大军向新野进攻，其兵力是刘备的十倍，胜负似乎没有悬念。但是，在军师徐庶的运筹帷幄之下，刘备居然接连两次打败了曹军的进攻。

老谋深算的曹操吃了败仗之后，坚信刘备一定有高人指点，于是派人去刺探。探子回来向曹操汇报了徐庶的情况。

这时，曹操的下属程昱献计说，徐庶是个非常孝顺的人，如果能把他的母亲骗到我们这里来，就不愁徐庶不归降我们。

曹操也觉得像徐庶这样的人如果不能为自己所用，实在是心有不甘，于是就派人把徐庶的母亲骗到许昌，并假借徐母的名义给徐庶写信，让他到许昌来侍奉母亲。徐庶看到信后，明知是计，但为了母亲的安危，也只好哭着向刘备辞行。

刘备刚开始听到消息时如同晴天霹雳，他立马想到：徐庶的离开不仅会给自己造成巨大损失，更要命的是，徐庶还是去对手曹操那里做谋士，简直分分钟能置自己于死地。

但是，刘备也知道，如果非要把徐庶留在自己身边，徐庶很可能因为惦念母亲，无法安心工作。另外，如果心狠手辣的曹操为报复徐庶而杀掉徐母，那么徐庶一定会非常恨自己，让自己背上不仁不义的骂名。

想到这些，刘备决定放走徐庶，还流着泪安慰徐庶不要惦念自己。

第二天，刘备为徐庶饯行。临到长亭时，刘备又下马宽慰徐庶。徐庶被刘备的知遇之恩深深打动，向刘备表示："即便我到了曹营，也绝不会为他出谋划策谋害您的。"刘备听了什么也没说，只是嘱咐徐庶以后尽心侍奉老母，千万不要以自己为念。

徐庶挥泪上马后，突然又停下来对刘备说："我有一个很有才能的朋友，住在隆中，有经天纬地之才，若能把他请出来辅佐您，便可以成就一番大业。"

刘备听了非常高兴，极力请徐庶为他引荐这个朋友。徐庶说：“我的这位朋友生性淡泊，绝不会为了名利而入仕途，除非主公亲自去请，他也许能出山。”后来，刘备果然请出了徐庶的朋友诸葛亮。而当徐庶到达曹营之后，徐母也了解到了事情的经纬，老人家痛斥徐庶不该因为她放弃忠义，便毅然自尽，这让徐庶异常伤心，终生没有为曹操献过任何计策。这也是“徐庶进曹营——一言不发”这句歇后语的来历。

从上面的事例中我们不难看出，放走徐庶，刘备的内心是相当无奈的。这个被他视如珍宝的徐军师刚刚发挥威力，就被曹操挖了墙角。按常理来说，大部分人如果站在刘备的位置上，遇到这种情况，第一个反应可能都是直接杀掉徐庶，或者扣下徐庶。估计刘备可能也有过这样的想法，但他却没有这么做，而是选择了放弃和隐忍，因为他的内心有自己的“方”和“圆”。

刘备的“方”，也就是他的原则和底线，他的任何决定都不能破坏自己多年苦心经营得好“人设”，他靠着这个“人设”招徕人才，集结了一批对他誓死效忠的部下，这是他成就宏图霸业的基石。如果他拦下徐庶或是杀掉徐庶，都将使他的这个好“人设”瞬间崩塌，失去人心。所以，为了守住这个底线，成就自己的大事，即便曹操如此欺人太甚，刘备也选择了隐忍，不和他正面争夺徐庶。

既然无论如何都要放走徐庶，索性不如把事情做得漂亮点，这就是刘备的“圆”。于是，刘备挥泪表达对徐庶的不舍，又贴心安慰、长亭送别。这一系列操作最终使刘备赢得了出乎意料的收获——得到了徐庶推荐的诸葛亮。刘备坚守方圆之道，小事上隐忍，大事上坚持，成了最后的大赢家。

刘备作为一国之君，尚且要为了成就霸业而有所隐忍，我们普通人更应该在这方面修炼自己。对此，打拼职场5年之久的“职场白骨精”李珊珊深有体会。

在Z公司工作了五年的李珊珊业务能力不错，在公司的核心部门任主管，老板也很器重她。但就在两个月前，公司给她的部门派驻了一个“助理”，协助她工作。李珊珊发现，这位“助理”年纪比自己还长一些，而且工作中除了做些简单的辅助工作之外，会向李珊珊了解很多涉及核心工作的信息。李珊珊很不理解，把这个问题上报给了自己的直接主管。直接主管没说什么，只告诉李珊珊，“助理”想了解什么，就告诉她什么，不要保留。

主管的态度让李珊珊愈发得不安。而且，她还听到一些小道消息，说这个“助理”很有背景，是公司大老板的亲属。

李珊珊在心里捉摸：“难道公司安排这个‘助理’来，是要在我不知情的情况下，慢慢接替我的工作，最后取代我吗？”一想到这，李珊珊突然升起无名之火，心想：“公司这是搞什么呀！我效力这么多年，创造了那么多的利润，现在你要任人唯亲，替换我，那就直说嘛！我也会配合公司，正常交接工作。难道怕挑明之后，我有所保留，影响工作吗？

太小看我的职业素养了!”李珊珊越想越气，几乎失去了理智，想直接拍桌子走人。

下班后，李珊珊找到闺蜜吐槽。耐心聆听了李珊珊的宣泄后，闺蜜提醒她理性对待，正常带助理工作，静观事态发展。同时让她开始留心找下家公司，即使真的被顶替也不怕。

经过闺蜜的开导，李珊珊理智了不少，忍下怨气正常工作，正常和“助理”打交道，甚至因为寻找下家，了解到了更多的行业信息而开阔了眼界。就这样波澜不惊地过了三个月，结果在第四个月的时候，“助理”却被调走了。

事后，主管领导找到李珊珊，说出了事情的真相:“助理”是公司派过来了解基层业务和信息的，之后要派到南方地区工作。但是因为这个“助理”的确有上级领导亲属的背景，不好到处宣传，而且“助理”还处于考察期，具体安排和去向还不能完全确定。所以，基于这两个原因，公司当时无法和李珊珊交代得太多。听了主管的一席话，李珊珊虽然还是有点怨气，但大大地松了一口气，她庆幸闺蜜的劝导，也庆幸自己没有冲动行事，否则真是后悔莫及。

李珊珊的经历真的是应了那句话:“小不忍则乱大谋”，幸亏她后来控制住了自己的情绪，没有因小失大。

忍耐，是我们每个人都应该学会的人生必修课。当我们的实力不够强大，时机尚未成熟之前，蛰伏或忍耐也许是最好的选择。正如惊蛰前后的昆虫，在时令未至、环境不佳的时候，默默蛰伏，积蓄力量，一旦春暖花开、时机成熟便破土而出、惊起奋进！而能够在小节上隐忍的人，在大事上也必将是头脑清明的，正因为有了宏伟目标的指引，才能忍常人所不能忍，所有的忍耐都是为了时来运转时的奋力一搏！这是处世的智慧，也是个人的修养。

第三章

低调处事：水低成海，人低为“王”

古语有云：“木秀于林，风必摧之。”一个人过于高调，锋芒毕露，便很容易让别人看不顺眼，招致忌恨，遭受打击和非议。而藏锋守拙、谦卑低调，则可以帮我们避免灾祸、远离不幸。

“45度做人，90度做事”，只有弯得下腰，才能抬得起头，这是一个聪明人应该有的处世态度。

马超是怎么死的?

一个人才华出众、能力超群固然是好事，但如果因此恃才傲物，那好事就可能变成坏事，甚至招致灭顶之灾。试想一下，在职场当中，如果有人因为自己能力出众就不把同事放在眼里，以为自己就是参天大树，把别人都当成不起眼的小草，希望人人都要仰望他，这样的人，你会喜欢和他接近么？当然不会。时间长了，这类人就会游离于集体之外，很难与人合作、共事，更不要说取得成功了。三国时期的马超就是一个活生生的例子。

马超，三国时期蜀汉五虎将之一。马超生性勇猛，堪比吕布，被当时西凉地区的人视为“战神”，曹操甚至都对他心存忌惮。但就是这样一位战神级的人物，在归顺刘备之后却没有得到重用，而是被一向求才若渴的刘备雪藏了，原因何在？

其实，马超归顺刘备后，刘备最开始给他的待遇原本是相当好的。但是马超生性傲慢，自恃有“五虎将”的威名傍身，平时并不尊重自己的新老板。

据《山阳公载记》记载，有一天，马超当着众人的面直呼刘备的名字——“玄德”。玄德是刘备的表字。古人除了名字之外还有表字，是本名以外表示德行或美好祝福的名字。在古代的礼节中，只有长辈可以对晚辈，或是上级对下级，才可以直呼其名。

所以，可想而知，马超直呼刘备的名字是多么无礼的举动，也就难怪刘备听到后会生气。马超的这一狂妄行径也惹怒了在场的将士，有人想立马杀死马超，却被刘备拦下了。但是从此以后，马超在刘备心中的地位便一落千丈。

而且，马超曾经三易其主，再加上关羽、张飞、赵云的反衬，种种因素加在一起，马超成了刘备和诸葛亮眼中的一个不安定因素。在他们看来，马超不但不能死心塌地跟随自己，而且说不定哪一天他还会故伎重演，像抛弃之前的主子一样跑路。在这种心态的驱使下，刘备渐渐把马超雪藏起来。

就这样，曾经威震天下的马超变成了没牙的老虎，无法施展才干。时日一久，心中积郁的不快越来越多，最后竟郁郁而终。可怜骁勇善战的一代英雄，没有战死沙场、建立功业，却死在了自己的傲慢无知上，实在是大悲剧。

马超因为性格短板，不但在职场中葬送了大好前程，甚至还搭上了身家性命，让人觉得既惋惜又幼稚可笑。其实，在我们的现实生活中，像马超一样恃才傲物、目中无人的人也大有人在。

小徐是一家大型外贸企业的业务骨干，业务能力非常强。但工作十多年，也一直只是一名业务骨干而已。和她同年进公司，能力还不及她的同事却都早早升了职，或者有了更好的职位。这是为什么呢？原因就在于，小徐虽然业绩突出，但是她的人缘和口碑实在太差了，很少有人能忍得了她的傲慢和狂妄。

因为总能给公司带来不菲的业绩，所以小徐从来不把同事放在眼里，有时还在办公室里大放厥词："这个月要是没有我的这笔大订单，咱们部门的业绩就得断崖式下跌……"

在顶头上司那里，小徐虽然有所收敛，但也常常把上司怼到"心塞"，上司又碍于小徐对部门的贡献和她的资历，不敢得罪她，只能暗中生气，非常窝火。

和小徐不同的是，其他业绩稍微好点的同事，因为性格好、容易相处，手底下总能带上几个新人一起做业务，新人慢慢成熟之后就可以组成一个团队，带头的人就可以升级为业务主管，之后再按公司的晋级通道一步一步向上晋升。

而小徐却总是觉得新人太笨，带新人耗费的精力比自己出去搞定一个大单还要多，所以经常摆出一副拒人千里之外的气势，让别人也不敢和她有什么交集。所以工作多年，她还是形单影只、单打独斗。更有一些被她得罪过的同事心存嫉恨，每次公司考核投票都没有小徐的份，有的甚至还在背地里开玩笑说，要是有反对票的话，一定都投给小徐。

一直以来，在中国人眼中，人们往往比较欣赏并愿意追随那些有本事、谦逊内敛、低调有内涵的人。和这样的人在一起，不但能学到真东西，而且相处时间越久，越能发现这类人的优点和长处，犹如挖到宝藏。而那些锋芒毕露、热衷自我表现的人，往往被视为是浅薄轻浮、短视无知的人，人人唯恐避之不及。

身处现代社会中的我们，要想在节奏快、压力大的职场中获得更好的发展，任何人都离不开团队合作。而要想赢得合作与帮助，除了良好的业务素养之外，谦和友好的态度是必不可少的。上文中提到的马超和小徐恰恰是缺少了后一个要素，断送了自己的前途。

现实生活中也同样如此。俗话说“树大招风”，一个人即便很优秀，如果太过狂妄的话也会招致他人怨恨。有些嫉妒心比较强的人，可能还会给你使绊子，让你吃亏。

而且，过于狂妄的人，其实也暴露了自己的狭隘和无知。要知道“人外有人，天外有天”，仅仅凭借自己的一时出色就目中无人，可能是因为他没有看到“人外人、天外天”，所以觉得自己就是最了不起的。这样的人，遇到真的强者时往往会很挫败，也可能会落得像马超、小徐一样的结局。

楚庄王的前三年

中国的二十四节气里，有一个叫“惊蛰”的节气。每年惊蛰一到，天气转暖，泥土变得松软，在地下蛰伏了整个冬天的蛇虫便全都惊醒过来，草木也开始发芽，它们积蓄了一冬的力量立马就爆发了出来。

其实，人也一样。时运不济时，就像冬眠的蛇虫一样，默默蛰伏、积蓄力量；时机成熟时就顺势而为、惊起奋进。历史上的楚庄王就是这样一位蛰伏三年，最后一鸣惊人，成就霸业的君主。

春秋战国时期，诸侯争霸。先后有齐桓公、晋文公称霸，其他国家也竞相发展经济，试图在中原取得一席之地。

楚庄王就是在这个强手如云的时候开始执政的。和别的国君有所不同，楚庄王新官上任不走寻常路，他没有“点上三把火”，而是终日花天酒地，就这样过了三年。三年当中，楚庄王白天打猎，晚上喝酒、欣赏歌舞，全然不把国家大事放在心上。大臣们对他的做法十分不满，楚庄王也心知肚明，他还下了一道命令：谁要是敢劝谏，我就砍谁的头。

就这样过了很久，一位名叫伍举的大臣实在看不下去了，冒死去见楚庄王。楚庄王当时正在寻欢作乐，他一脸不高兴地问伍举：“你来干什么？”

伍举道：“大王，我这里有个谜语一时猜不出来，大王是个有智慧的人，请您猜猜吧。”

楚庄王听了觉得好玩，便换了一副表情，笑着说：“你说说看。”

伍举说：“在楚国的一座山上有只神奇的大鸟，它样子挺神气，身上披着五彩羽毛。它在山上待了三年，不飞也不叫，这是什么鸟？”

楚庄王心中明白伍举的意思，他意味深长地笑着对伍举说道：“也许它根本就不是一只凡鸟，它三年不飞，是要看清方向，三年不叫，是在等待时机。它不飞则已，一飞便会直冲云霄，不叫则已，一叫就要震惊天下。你下去吧，我明白你的意思了。”

楚庄王的话似乎让伍举明白了什么。他意识到楚庄王也许并不是一个昏庸无道的君主，再联想到之前楚国由于不断对外用兵，使得周边国家十分不安，对楚国重重设防，而朝堂之上，有奸臣专权，还有很多朝臣浑水摸鱼，一时分不清好坏。可以说，楚国是内忧外患。

想到这些，有着丰富治国经验的伍举豁然开朗。他确认，楚庄王之所以表面上沉迷酒色，正是想要蒙蔽楚国周围那些严阵以待的大国，也让国内的大臣们都放松警惕，露出本来面目。

果然，又过了一段时间之后，楚庄王觉得局势渐渐明朗，便开始有所行动。他先废除了之前很多不合理的政令，并把那些溜须拍马、无所作为的人撤掉，提拔了敢于进谏的伍举、苏从等人，委以重任，同时大批锻造兵器、操练兵马。

仅用一年时间，楚国就使南方许多部落前来称臣。六年后，楚国打败了宋国。八年后，楚国的势力便扩展到周朝的都城洛邑附近，把当时那个挂名的周天子吓破了胆。

后来，楚庄王又任用非常有才华的孙叔敖做宰相，发展楚国的经济，强大楚国的国力，终于在执政20年后，楚庄王成了称雄中原的霸主。

楚庄王之后，便有人用“一鸣惊人”“一飞冲天”，形容一个人表面上没有作为，甚至是颓废堕落，其实是在暗中养精蓄锐、等待时机，一旦时机成熟便脱颖而出，让人惊叹。

楚庄王上任之初沉迷声色犬马，其实是在放烟幕弹，以此来迷惑敌人和国内的小人。否则，如果他在刚刚上台的时候就自命不凡，高调上任，可能还没等他展开翅膀就已经被强大的对手干掉了。所以，他在时机不明朗的时候，没有轻举妄动，而是默默积蓄力量，最后终于找到机会一鸣惊人。

现实社会中，许多人虽然有着远大的理想和过人的实力，但因为时运不佳、机缘不到而不得不耐心等待时机、潜心积蓄力量。比如，国内革命战争时期，毛泽东便面临着被排挤、孤立的局面。但他为了中国红军的命运和前途，选择忍辱负重，最后终于等来遵义会议的绝佳时机，在红军队伍中确立了自己的领导地位。

在遵义会议之前，中国红军的指挥权掌握在共产国际派来的军事顾问李德手中，毛泽东被排挤。这也直接造成了第五次反“围剿”的失败，红军被迫长征。此时，毛泽东以革命大局为重，没有意气用事。他知道，在党内“盲从”共产国际的情形下，红军广大指战员还没有意识到“左”倾路线的危害，如果和李德正面交锋，就会引发红军队伍的分裂。所以他常常把自己的意见说给周恩来、王稼祥等人，由他们在会上提出来进行研究讨论，通过这种方式把“左”倾路线给红军带来的损失降到最低。

与此同时，毛泽东在广大红军指战员中耐心细致地做说服教育工作。他以第五次反“围剿”的失败作为突破口，引导广大红军指战员认识到在“左”倾路线的领导下，红军必将走向灭亡，使他们深刻意识到“左”倾领导者的错误和危害。

在血的教训面前，广大指战员一致认为，只有毛泽东出来指挥战斗才能使红军打胜仗。最终，在遵义会议上，毛泽东获得了绝大多数人的支持，确立了自己在红军中的领导地位，终于在后来的指挥中使红军转败为胜，完成了二万五千里长征。

从一定程度上来说，正是毛泽东这种能够抛却个人私利、以大局为重、忍他人所不能忍的精神，以及他理性思考、讲究斗争方法和策略的智慧，才获得了周恩来、王稼祥等人和多数红军指战员的支持。最终实现了中国红军的伟大胜利，迎来了中国革命的伟大历史转折。

《易经》里有“君子藏器于身，待时而动”，今人也有“能大能小是条龙，只大不小是条虫”的说法。这些劝诫都在告诉我们：成大事的人，不会急于一时，他们都懂得厚积薄发的道理和重要性，在形势不利的时候能够掩藏起锋芒，沉下心来默默培养实力、充实自我，脚踏实地做好自己，等待时机厚积薄发。这样的人也终将能披荆斩棘，迎来一鸣惊人、一飞冲天的时刻。

既要看重自己，也要“看轻”自己

在中国历史上，几乎所有的朝代更迭中，都会上演同一个悲剧。那就是打下江山、坐稳天下之后的君王们，往往会把当初立下汗马功劳的能臣和大将们以各种理由杀掉，或是把他们贬为普通人。其中的原因就在于，这些臣子们功劳太大，有的甚至盖过了君王。所谓功高盖主，让君王们坐立不安，必要除之才安心。但也有一些聪明的臣子，认识到了这一规律，功成之后选择身退，最后保全了自己。范蠡就是其中一例。

“卧薪尝胆”的故事想必大家都耳熟能详。说的是越国勾践在范蠡、文种的辅佐下，带领弱小的越国打败强大的吴国的历史。

范蠡作为越国非常有名的谋士，在辅佐越王勾践的过程中，曾一度使越国向北进兵，兵锋直逼齐、晋两国，并敢于向中原各诸侯发号施令，越国的国力和战斗力都得到了大大提升。当越国最终灭掉吴国，一雪越王勾践的耻辱后，范蠡的地位也在越国日益升高。

范蠡深知越王勾践是一个只能与其共患难，不能和他共享乐的人。所以，范蠡知道自己的威望很高，在越国也非常有影响力，久而久之势必会引起勾践的嫉妒，如果不能在此时急流勇退，仍沉湎于名利之中，日后可能会遭到迫害，甚至招致杀身之祸。于是，范蠡在越国局势稳定之后，便向勾践递上了“辞职信”，请求勾践允许他离开。

得知范蠡要离开朝堂，越王勾践装作勃然大怒的样子，阴沉着脸对范蠡说：“如果你能留下来，我会把越国的半壁江山分给你，我们共拥天下；如果你辞官离开，我就把你的妻子和孩子都杀掉。”范蠡知道勾践说的并非真心话，因而继续真诚地说服越王勾践：“君王要执行自己的命令，臣子实现自己的心愿。”意思是，君王有君王要做的事，臣子也有臣子要了却的心愿，别人是无法阻拦的。勾践见范蠡去意已决，便同意了范蠡的辞职请求，范蠡得以离开是非之地。

范蠡离开不久，便给昔日好友，同样为越国立下汗马功劳的相国文种送去一封信，信中写道：“飞鸟尽，良弓藏；狡兔死，走狗烹。”以此提醒文种：“飞鸟打尽了，弹弓失去了价值，就被藏了起来；野兔捉光了，猎狗失去了作用，就被杀了煮来吃。现在越国的敌国灭掉了，我们这些谋臣可能就会被罢黜或被迫害。你现在还不离开越王，小心日后会有杀身之祸”。

文种读完信后，便装病不去上朝。后来，勾践果然听信奸人的谗言，认为文种要犯上作乱。于是，勾践便将一把剑送给文种，并暗示文种自刎。无奈之下，文种只好用勾践送的那拔剑自杀了。

范蠡在声望日隆的时候，没有被名利冲昏头脑，清醒地意识到功高盖主的可怕后果，选择急流勇退，最终保全了性命。而同样才华盖世的文种因为心存侥幸，妄想能与勾践共享福，最后被迫自杀身死。二人鲜明的对比告诫我们：人存于世，要懂得掩藏自己的锋芒。一个人无论多么才华出众、能力卓越，对整个人类社会而言都是微不足道的。所以，不妨放低身段，正如有句谚语所说："天使之所以会飞，是因为她把自己看得很轻"。能把自己看得很轻的人，其人格底色都是低调的、谦虚的。

曾国藩是晚清著名的政治家和战略家，他一生沉浮官场，却能始终屹立不倒，靠的就是他低调、谦和的处事风格和智慧。他在鼎盛时期曾做到四省总督。总督的职位相当于今天的省长，也就是说，当时的曾国藩任四省的省长，差不多在管理当时的小半个中国。

但曾国藩深谙"自矜者不长"，过于自傲的人不会长久，他时刻提醒自己要谦虚谨慎，还把自己的书房题名为"求阙斋"，意思是永远不要满足现状，永远要看到自己的不足之处。他还写信苦口婆心地奉劝几个弟弟：地位越高，越要谦虚。

虚怀若谷的曾国藩在统领湘军期间，曾经显赫到"三千里的长江之上，没有一艘船不挂着他的军旗，各处的兵将都对他一呼百诺"。长江流域的水师，全部都在他的控制之下。

盛名之下，为避免朝廷的猜忌和同僚们的妒忌，曾国藩马上就采取了裁军之计。他在湘军结束战事之后立即宣告裁兵，一月之间便裁掉两万五千人马。这一策略果然很奏效，朝堂上的皇帝没有了顾虑，同僚的嫉妒也消解了很多，曾氏家族的安定也得以保全。

“月盈则亏，物极必反。”一贯低调谦和的曾国藩深谙其中的道理。所以，当他功成名就之时，知道及时止步，让自己重新归零。也正因如此，曾国藩在晚清的复杂官场中一直能游刃有余，几十年长盛不败。谦虚低调，不只是官场明哲保身之道，也是我们职场中人必备的修养。

大学生赵月毕业后来到一家知名企业工作。因为专业对口，并且其业务能力和学习能力都非常强，所以赵月一进公司便崭露头角，深得领导的器重，被委以重任，赵月也因此踌躇满志。

工作一年后，在一次考核晋升中，所有人，包括赵月自己都认为，他完全可以成功竞聘主管职位。但结果却大大出人意料，赵月落选了，他备受打击，怎么也想不通。

心灰意冷之际，他向老板告假，说想休息一段时间，其实赵月是想给领导“撂挑子”。在他看来，如果自己离开部门一段时间，整个部门的很多工作可能都会受到影响，这样一来，领导就会意识到他的重要。领导也明白赵月的心思，便痛快地批了他的假。

一个月之后，等赵月假期结束回来上班时，他发现自己所在的部门并没有在他离开的这一个月里出现任何混乱，所有工作都和他在时一样井然有序。

顿时，赵月明白了，之前种种不平衡心理是他把自己看得太重了，而实际上，对整个部门来说，他其实没那么重要。认识到这一点的赵月深感羞愧，立马调整好心态投入到工作中。与以往不同的是，此时的他，心中多了一份平和与宁静，少了一份自傲和抱怨。

不论是官场中的范蠡、曾国藩，还是职场中的打工人，在身居高位、光芒四射的时候，能够不迷失自我，保有一份清醒，知道藏锋守拙，敢于舍弃名利、敢于否定自己重新开始，不但可以使自己远离灾祸，还能不断鞭策自己，不断走出人生的新高度。

有道是："天不言自高，地不言自厚。"天与地虽没有彰显自己如何高远、如何厚重，但人们却都看得见天和地的高远和辽阔。真正清醒和有智慧的人不会到处炫耀自己，真正不凡之人往往也都是低调的人，他们也往往能笑到最后。

人群中的"凹地效应"

"善用人者，为之下"，意思是善于做领导的人，都非常尊重人才，常常把自己放在人才的"下位"，对待下属十分谦和、恭敬。

俗话说："一个篱笆三个桩，一个好汉三个帮。"一个人靠单打独斗很难成事，想要成就事业一定离不开众人的帮助。而且，事业做得越大，越要借众人之力。而能够聚众人之力的人常常低调谦和、与人为善，那些喜欢颐指气使、趾高气扬的人往往会众叛亲离、自取其败。"周公吐哺，天下归心"的历史典故，说的就是这样的道理。

周公是西周的开国元勋，也是杰出的政治家和思想家。他曾两次辅佐周武王讨伐昏庸无道的纣王，并制定礼乐，使周朝得到很好的治理。

周公在辅佐周文王、周成王时，非常敬业。当时的周王朝内部面临着严酷的斗争，商朝的旧贵族们时刻准备复辟，他们和周室内部的反叛势力互相勾结，随时想颠覆周王的政权。在这种情况下，周公非常渴望招揽到有才华、有贤能的人。

有好几次，正当他在吃饭的时候，仆人来报告说，有贤德之人前来求见他，周公当时嘴里正嚼着食物，为了表示对贤德之人的尊重，他赶紧把饭吐掉，迫不及待地奔出门去迎接来求见他的人。有时候，吃一顿饭甚至要数次把饭吐出来去见贤士。正是这种求贤若渴、礼贤下士的精神，才使周公替周王召集到了很多人才。最终，周公终于凭借这些人才辅佐周王平定叛乱，使周王朝得以复兴。这就是“周公吐哺，天下归心”典故的由来。

周公作为周王朝独一无二的重臣，一人之下万人之上，却能够把自己放得很低，因此得到天下贤士的敬仰和爱戴，纷纷投靠过来，帮助他成就事业。这正如一句话所说“水低成海，人低成王”，大海能够成为百川之王，是因为它的地势很低，得以汇聚百川；圣人之所以能够成为众人之王，是因为他能以谦和的态度凝聚人才而成就自己。

在人才管理界流行一个名词，叫“凹地效应”，是指一个地方由于具备了某些特征或优势，而使自身产生一种吸引力。“凹地效应”用在人才管理中，就是提醒那些与人打交道的领导者，也要制造“凹地效应”，以吸引人才。

领导者要学会聚集人气，放低自己的身段，即便是你各方面都出类拔萃，也不妨以低姿态示人，这样能使对方觉得受尊重，他才会从心理上乐于向你靠拢。相反，如果身为一个领导者，咄咄逼人、居高临下，就会给对方压迫感，甚至令对方产生反感。所以，领导者要想聚集人才，就要让自己有亲和力，学会包容、谦虚、友善，善于倾听不同意见……这些都是制造“凹地效应”的重要元素。

水聚“凹地”成湖泊，心聚“凹地”成大业。越是要成就大事业的人就越要尊重人才，谦虚谨慎地处在贤者、人才的下位。战国时期的贤士郭隗曾开导燕昭王说，你谦和、“处下”的水平达到什么层次，就能吸引到什么层次的人才来到你的身边。

战国时期，燕昭王即位后，燕国内外交困。此前因为齐国的入侵，燕国遭受了前所未有的损失，变成了战国七雄中最弱小的国家。燕昭王迫切要振兴燕国，急需人才，便向他的老师郭隗请教吸引人才的办法。

郭隗对燕王讲：“如果大王能谦卑、虚心地侍奉老师，在他的指导下刻苦学习，那么大王就能吸引到比自己的才能强百倍的人才；如果大王在做事的时候能够身先士卒，却在所有人之后休息，或者向贤能的人请教问题时能够做到第一个发问，最后一个停止提问，那么就能吸引到比大王的才能强十倍的人才；当他人礼貌地对待大王时，大王也能礼貌地回应对方，那么大王就能吸引到和自己才能差不多的人才；如果大王倚在桌子旁边，手里拿着手杖，斜着眼睛对别人指手画脚，那么大王就只能吸引到服杂役的仆人……”

燕昭王听从了老师的教诲，一直以谦和恭谨的态度对待前来投靠他的人才，并遇到了当时大名鼎鼎的军事家乐毅。而且，燕昭王还能和百姓同甘共苦，兢兢业业地治理国家。终于在二十八年后，他以乐毅为大帅，联合一些国家攻打强大的齐国，夺下齐国七十余座城池，差一点就灭掉了在当时最为强大的齐国，令天下所有人都对燕国刮目相看。

周公和燕昭王的故事告诫我们：一个人的本事大小，能力和才华仅仅是一个方面，更关键的是能否“和众”，而“和众”的关键则在于低调。为人处世，姿态过高、行事孤傲，必然很难聚集人气。要懂得内敛，就如同稻穗，越是成熟的稻穗，它的头反而垂得越低。

如今的时代更是如此，人脉也是一种财富，处世低调的人往往有着更好的人脉，毕竟，人们都喜欢和悦纳自己、赞赏自己、能够善待他人的人相处。所以，要想拥有好的人脉，要想得到他人的尊敬，就让自己成为一片“凹地”，吸引众人向你聚拢，提升你的人气。

傲慢的人是自己的囚徒

人们常说“满招损，谦受益”，那么，骄傲自满到底有多可怕呢？这么说吧，一个人如果骄傲自满，他就容易陷入盲目短视，看不到自身的缺点，停留在现有的水平和能力之中，无法再进步。严重的还会因为骄傲自大，被人排挤、打压，甚至是陷害。如果一支队伍变得骄傲自满，那它就可能人心涣散，一击即溃。明朝末年，李自成率领的农民起义军队伍，就是因为骄傲自满，最终葬送了自己。

著名历史学家郭沫若在他的《甲申三百年祭》中，为我们仔细剖析了李自成带领的农民起义军如何在短短十几年时间里取得了巨大的胜利，却又在顺利攻下北京，建立自己的政权后，仅四十几天便一败涂地的原因。

李自成本人是一位非常骁勇善战的将领，他善骑射，可以百发百中，也很有军事指挥才能，甚至《明史》都称赞他“善攻”。在十多年的战争中，他的军队也一直严守军纪。他命令：军官士兵不能私藏白金，不能带妻子以外的女人随行，睡觉用的寝具只能是简单的布或是绵，还规定行军时如果有战马踏了百姓的田苗，将会被斩首。李自成自己也身体力行。他不好女色、不嗜酒、不贪财，非常简朴。

而且，他前期的作风非常民主，讲究官兵上下平等，重大决策都会和部下讨论决定。李自成也因此吸纳了很多人才，得到了众人的拥护。甚至在起兵时，李自成为了争取老百姓的民心，还提出了“均田免粮”的主张。起义军每到一处，都把当地的官府和粮仓洗劫一空，去赈济老百姓。在百姓中间有一首歌谣口口相传：“杀牛羊，备酒浆，开了城门迎闯王，闯王来时不纳粮。”正是这样一位农民领袖，他带领着起义军攻占北京后，却起了质的变化。

起义军进城后，很快变得沉迷享乐。李自成急于进皇宫称帝，丞相牛金星忙着筹备登基大典，而大将军刘宗敏则忙着搜括赃款，没有一天不杀人，甚至老百姓的财物也被洗劫。他们都以为天下已经太平了，却不知近在咫尺的清兵正在关外对着他们虎视眈眈。几十万士兵在京城里享乐，驻守山海关的守军却只有几千！

最要命的是，刘宗敏还把吴三桂的父亲绑了起来，并霸占了吴三桂最宠爱的姬妾陈圆圆。要知道，吴三桂可是明朝的总兵，当时正驻守在山海关。当吴三桂听说自己的父亲和宠妾的遭遇后，十分震怒，他联合了当时还在关外的清军，共同对付李自成的农民军。

清军入关后，李自成的起义军仓促应战。当时的起义军官兵身上都携带着在北京抢掠的金银，以至于八旗骑兵的马蹄踏在起义军官兵的尸体上时会传出金属撞击的声音。而且，李自成在北京时，抓了上千的铁匠，把搜刮来的金银打成金饼、银饼，装到车上运往陕西。结果因为这支装载大量金银的车队行动迟缓，一再遭到吴三桂军队和清军追打。当清军提出“投降就保官位、保财物”的诱惑时，李自成手下的宰相牛金星带头投降。这样一来，李自成的起义军没过多久就土崩瓦解了。

在总结李自成的悲剧时，郭沫若认为李自成最致命的问题是缺乏远虑，进京后骄傲自满，纵容将士们贪图享乐、腐化堕落。郭沫若感慨：如果李自成刚进北京时，能够继续严明军纪，对吴三桂及早采取笼络政策，清军绝不会那样轻易地入关。

李自成用十几年时间，付出各种艰辛打下江山，却因为一时的骄傲自满、短视无知，在短短几十天里便葬送了自己多年打拼的成果。这一血淋淋的事实向我们昭示着：骄傲自满是多么可怕、多么可悲，保持头脑清醒和忧患意识又是多么重要！

一只老鹰带着它的配偶来到一片远离人烟的森林中，它们在森林里选中了一棵枝繁叶茂、非常高大的树木，打算在这里安居筑巢，孵养后代。

树下的鼹鼠知道了新邻居的决定后，好心地向老鹰提出善意的告诫：“这棵树可一点都不安全，它的根部马上就要烂光了，它随时都会倒下去，你们最好不要在这里安家。”老鹰心想：你们这些家伙，整天躲在洞里不出门，眼神又不好，居然还敢质疑我的眼光？老鹰在心里这么想的时候，嘴上却没说什么，也没有理会鼹鼠的忠告。

接下来的几天里，老鹰和它的配偶动手筑巢，很快就把家搬了过来。不久，雌鹰孵出了两只可爱的小鹰，一家四口其乐融融。

然而，不幸的事情终于还是发生了。有一天，当外出猎食的老鹰带着肥美的猎物飞回家时却吃惊地发现，它们安家的那棵树已经倒了，两只可爱的小鹰也被摔死了。

望着眼前的惨景，老鹰放声大哭：“天呐！我可怜的孩子！是我害了你们！如果我当初不那么傲慢，如果我能听从鼹鼠的忠告，就不会有这样的悲剧发生。也许，这就是命运给我的严厉惩罚吧，惩罚我的狂妄自大！”此时的老鹰也终于明白了一件事：鼹鼠经常在地下打洞，每棵树的树根什么样，它是最清楚的，只可惜当时自己却被傲慢蒙蔽了眼睛，就把鼹鼠的话当成了耳边风。

老鹰的骄傲自满，让它付出了沉重的代价。傲慢让它高估了自己，做出了错误的选择；傲慢也让它低估了危险，对潜在的危机缺少预见，陷入怠惰。

有人说，这个世界上最大的监狱，就是人类的大脑。如果我们破除不了自己的傲慢和偏见，我们将永远都是自己的囚徒，把自己禁锢在狭隘的认知里，变成可怜的井底之蛙。而纵观古今中外的历史，我们会发现，任何一个功成名就的人，任何一个拥有百年基业的企业，都能时刻保持冷静，低调前行，既不高估自己也不轻视对手，不断为了进步而埋头努力。

希望我们都能真诚地面对自己，利用一切机会充实自己，避免骄傲自满的低级错误，成为一个虚怀若谷的人。

毛遂的高光时刻

虽然我们一再强调为人处世要低调，但并不是鼓吹要把自己藏在角落里，任由自己的能力和才华蒙尘，眼看着可以大显身手的好机会悄悄溜走而无所作为，最后坐失良机。在当下这个竞争非常激烈的环境下，如果我们还信奉以前那种“酒香不怕巷子深”的说辞，就有可能会被埋没一辈子。所以，当时机不成熟时，我们要低调沉稳、潜心准备，而一旦机会来了，该出手时就出手，就像聪明的古人毛遂一样。

“毛遂自荐”的故事源于战国。当时，秦国出兵攻打赵国，并很快包围了赵国的首都邯郸，情况非常危急。赵王派丞相平原君去楚国求援。出发前，平原君想在他的门客中选出二十个能文能武的人陪他一同前往。结果，他费了很大力气只选出了十九人。

就在这时，有个叫毛遂的人主动上前，要求和平原君一起前往楚国。平原君问：“您在我门下多久了？”毛遂答：“三年了。”平原君说：“一个有才华的人，如同一把放在袋子里的锥子，很快就会戳破袋子，露出锋利的锥尖。而你在我这里待了三年，我却没见你有什么出色的表现，你不能和我一起去楚国！”毛遂说：“我如今自荐，就是请求你把我放到袋子里。要是早有这样的机会，我可能早就锋芒毕露了！”平原君被毛遂说服了，便答应带他一同前往。

到了楚国，楚王和平原君两人在殿上从早上谈判到晚上，一直没有结果。毛遂一边大步跨上台阶，一边向楚王说道：“楚国出兵的事简单至极，为什么一直不做决定？”楚王恼火地问平原君：“他是谁？”平原君答道：“他叫毛遂，是我的门客！”楚王对毛遂喝道：“你赶快下去！我在和你的主人讲话，你来干吗？”

毛遂听了楚国的话反而又逼近了几个台阶。他手握宝剑对楚王说道：“现在，你和我的距离在十步之内，你的性命就悬在我的手上。我听说商朝的君王仅凭七十里大小的国土便统一了天下，文王凭借百里的土地便让诸侯臣服于他，他们依仗的并不是士卒众多，而是能够展示自身的威势。今天，楚国的土地多达五千里，士卒多达上百万，这都是成就霸王的资本呀！以楚国如今的强大，全天下都无力抵挡。但是，秦国的白起，一个小小的将领，率领几万士卒攻打楚国，就能一战攻下鄢、郢两个地方，二战烧掉了夷陵，三战居然侮辱了大王的祖先。这些都应该是楚国百代不灭的仇恨，连我们赵国都替你感到羞耻，而大王你本人却不知道羞耻！我们两国联合起来本来就是为了楚国的利益着想，并不是为了赵国呀！”

楚王被毛遂的言辞震慑住了，连连说道：“是！是！您说得非常正确，我现在就和你们订立盟约。”

于是，在毛遂的主持下，楚王和赵国举行歃血仪式，签订了盟约。

此后，毛遂也被平原君视为上等宾客来尊敬。

后来，人们常用“毛遂自荐”形容一个有才能的人能坚定地抓住发展机会，自告奋勇、自我推荐。

毛遂自荐的故事告诉我们：在今天这个人才济济、制胜良机稍纵即逝的竞争时代，机会非常重要，但机会不会自己送上门，要靠我们主动争取。我们要有紧迫感和危机感，在不断充实自己、提升自己，使自己成为千里马的同时，更要时刻关注机会、寻找伯乐，并敢于向伯乐展示自我，使自己尽快脱颖而出。

著名导演张艺谋，这位在国际电影界都具有非凡影响力的艺术家，在回顾自己的艺术之路时，尤其对当年上大学的往事感慨万千。

1978年，北京电影学院招收本科生，其中包括摄影专业。这个消息对有着非凡摄影才华的张艺谋来说是一个极大的诱惑。然而，当时他已然28岁，远远超过了报名年龄的上限。但是，面对这千载难逢的机会，张艺谋决心一定要试试。

为了提高报名的成功率，他事先精心准备了自己的摄影作品集，跑到北京电影学院报名处找到招生老师，给他看自己的作品，老师看了之后赞叹不已。但是当他得知张艺谋已经28岁时，老师很惋惜地说："我们试着向学院反映一下情况，你回家等消息。"

这一等便是杳无音信。于是张艺谋"二进京"，几经波折找到了电影学院摄影系教授赵凤玺。赵教授对张艺谋的作品也是赞不绝口，但他也帮不到张艺谋，只好推荐张艺谋报考北京广播学院。但当时的北京广播学院也因为年龄原因拒绝了张艺谋。

两次碰壁，仍然没有打垮张艺谋的意志。他又把"西安报名点"当成救命稻草。结果，他依然被电影学院拒之门外。

在巨大打击面前，张艺谋越发坚韧，他再次把自己的作品辗转寄到了当时的文化和旅游部部长手中。部长看了张艺谋的作品后，认为他是个不可多得的人才，值得继续深造。

最终，张艺谋终于被破格录取，进入北京电影学院摄影系78班学习两年。

两年的学习中，张艺谋不但为自己的艺术之路找到了更高的专业起点，同时也累积了大量的人脉，毕业没多久就和当时很有名气的导演陈凯歌合作《黄土地》，获得国内外多项大奖。而他之所以能拥有今天的成就和名望，都离不开他当初锲而不舍的自告奋勇。

毛遂以及张艺谋之所以能够成功，首先是他们具备了与成功相匹配的能力。试想一下，如果毛遂平时无所事事，在平原君门下混吃混喝，他又怎能在楚王面前引经据典，字字珠玑，最后说得楚王心服口服？如果张艺谋导演没有出众的艺术天赋，又怎能打动招考的老师，甚至是文化和旅游部部长呢？

另外，二人的成功还在于他们抓住了适合自己的机会。毛遂自荐，是因为他觉得自己的辩才能够在出使楚国的时候得以发挥；张艺谋坚持考大学是因为他认为这样的深造机会可以让自己的摄影天分得到专业的加持，更上一层楼。试想，如果当初北京电影学院只招收演员专业的学生，可能张艺谋就不见得有那么大的动力坚持报考了。总之，机会是留给有准备的人的。我们要做的就是多充实自己、提升自己，等待合适的时机出现，再及时出手！

第四章

抱朴守拙：知世故而不世故，处江湖而远江湖

抱朴守拙，是指待人处事纯朴豁达，以真面目示人，以真性情待人，不被世俗污染和影响而变得圆滑巧诈，丧失纯真的本性。

与为了蝇头小利而机关算尽、蝇营狗苟的人相比，以真性情处世的人不但忠厚善良、真诚朴实，他们往往还有着宏大的格局，敢于承担责任。为了造福社会、造福人类，在关键时刻，他们当仁不让，敢于牺牲小我。

纯真是最大的善良

“抱朴守拙，涉世之道。”这是《菜根谭》中的一句劝世箴言。“抱朴”，是指抱有朴实、纯真的天性；“守拙”，是指坚守憨直、厚道的天性。这句话劝诫世人：在世事多变、人生无常的人世间，要永远保持朴实纯真的本性，摒弃复杂的心念，回归最原初的本性，才是最可贵、最能打动人心的品质。著名的大诗人苏东坡就是这样一位如璞玉浑金一样的人。

提起苏东坡，很多人只知道他是唐宋八大家之一，诗篇千古、才华横溢。但事实上，他还是一位为官清正、敢为民

任事的政府官员。

苏东坡被流放徐州时，正赶上洪水肆虐。一时之间，徐州的城墙已经被洪水淹没，时刻都有倒塌的危险，当地百姓觉得大难临头，纷纷要出城逃命，一度引发混乱。

为了避免徐州城陷入混乱，苏东坡亲自站上城头，对百姓大喊："绝对不会让洪水将城墙冲垮。"

为了召集更多人力对抗洪灾，苏东坡想到了调用当地的驻军。这样的举动无论在哪个朝代都是一件十分忌讳的事情，人人避之唯恐不及。更何况当地的文官、武将相互勾结，没有上面的命令而直接调用军队，足以引起朝廷和皇帝的猜忌，重则甚至会掉脑袋。但是，苏东坡一心想救百姓于水火间，丝毫没有迟疑。他亲自来到军营之中，恳请将士们为徐州城的抗洪出力。

身为一个知州，为了百姓的安危能有如此担当，将士们都被苏东坡的大义之举打动了。他们纷纷跑出军营和百姓一起修筑堤坝。

为了稳定民心和军心，敦促大家尽心尽力防洪，苏东坡在城墙之上搭起了一个草屋，之后的四十多天里一直住在这个城墙上的小草屋里，没日没夜带领大家一同防御洪水。

最终，徐州的城墙终于保住了，城内千千万万百姓的身家性命也安全了。事后，苏东坡又仔细视察，将被洪水破坏的地方进行修缮，对黄河徐州段决堤的地方进行加固，以防洪水再次爆发。

苏东坡为了徐州百姓的安危，全身心投入抗洪，这种不惜顶着被杀头的危险，调集官兵帮忙的行为看似愚鲁，却恰恰是他心思之纯朴、纯正的表现。相较于抗洪，苏东坡上书反对王安石变法则更可以看出他的刚正不阿。

1069年，宋神宗任命王安石为参知政事，相当于现在的副总理，并委托王安石主持变法。变法中，王安石推出了均输法、募役法等赋役制度改革，在很大幅度上提高了税率。这一变法使得很多底层百姓负债累累，卖儿卖女，有的甚至投河自杀，一时间民不聊生。

苏东坡了解民情、体察民意，多次上书坚决反对王安石过于激进的变法。他希望通过缓和的措施兴利除弊，主张“轻赋役”，提出减免零售商的赋税，以促进商业的发展来增加商税收入。但他却因此惨遭弹劾，最后还被贬为地方官。即便是被贬官期间，他还在被贬谪的地方推行减赋政策，以赈济当地的荒灾。苏东坡一心为百姓着想，也因此得到了百姓的爱戴和拥护。

甚至在生命的最后阶段，当苏东坡被贬到海南时，他还不忘大力发展当地的教育。他去世后不久，海南就出了当地有史以来的第一个进士。

苏东坡的一生因为坚守初心，不谄媚权贵，致使自己在职场中起起落落，遭遇了无数的波折，但他始终坚定不移，一心只想为百姓造福。甚至在儿子满月时，还曾作诗一首：“人皆养子望聪明，我被聪明误一生。惟愿孩儿愚且鲁，无灾无难到公卿。”

以此寄望小儿子不要过于圆滑世故，可见他的一片赤子之心是多么坚贞。

有人也许会觉得苏东坡太过愚直，空有一身才华却没有为自己和妻儿谋得一点荣华富贵。这可能是人各有志、各有所求吧。看事物的角度不同，结论也会千差万别。

大千世界，我们常常会遇到这样一种人，他们行事处世，表面上去看好像很愚笨，但实际上他们只是心思单纯，没有那么技巧罢了。这种人往往不是真愚笨，而只是不想逞聪明，而且还要“养拙”，这便是人们常说的大智若愚。

俗话说：“不改初衷真英雄。”一个人能够心无杂念，不管经历多少困苦，面临多大诱惑，都能恪守初心，不坠青云之志，遵循守真朴拙之道，这样的人才是值得他人信任和托付的人。

聪明人都有点儿小糊涂

有人说，人的智慧分两种：一种是真聪明，一种是假糊涂。“假糊涂”也就是“小糊涂，大聪明”，小事上看似“拎不清”，有点愚讷，但在大事却一点不含糊。“小糊涂”不是自我欺骗、自我蒙蔽，而是不计较，不会因为面子、地位和权势等一些细枝末节的事情而较真。这是“小糊涂”里包藏着的聪明和智慧。历史上的楚庄王就是这样一位看似“糊涂”，实则有着大智慧的人。

有一次，楚庄王大宴群臣，犒赏刚刚成功平定叛乱的有功之臣。宴席上，文臣武将、宠姬妃嫔纷纷举杯欢庆。席间歌舞管弦、美酒佳肴，大家不亦乐乎，直至黄昏还兴犹未尽。

楚庄王命人点上烛火继续夜宴，还叫自己最宠爱的两位美人许姬和麦姬替所有人斟酒。

忽然，大殿上吹进来一阵狂风，把酒席上的灯烛都吹灭了，四下里顿时一片漆黑。黑暗中，有人偷摸了一下许姬的玉手。为了不伤及楚庄王的颜面，许姬急中生智，在黑暗中一声不响地把那人的帽带扯断了，然后她匆匆回到楚庄王身边，向他耳语："刚才有人乘着烛火熄灭的时候调戏我，我把他的帽带扯断了，大王赶紧命人把蜡烛点起来，谁没有帽带，谁就是刚才轻薄我的人。"

楚庄王听了，没有着急命人点蜡烛，反而高声向群臣和武士们说道："诸位，今晚务必要不醉不归。来！大家都把帽子摘下来，痛饮吧！"于是，酒席上的所有人都拿掉帽子，楚庄王这才命人把蜡烛点燃。宾主继续畅饮。

酒席散后，许姬嗔怪楚庄王袒护别人，不给她出气。楚庄王笑着宽慰许姬说："宴会上群臣尽欢，有人酒后失态是人之常情。他们喝醉了酒也是因为我一再赐酒引起的，要怪就怪我吧。再者，今天到场的都是有功之臣，如果他们之中有人因为拉了一下我爱妾的手就要被诛杀，会让所有将士们感到心寒的。"许姬听后也只好接受。

三年后，楚国讨伐郑国。战场上，楚庄王发现有一位将士非常勇猛，他独自率领几百人为三军开路，一路斩将过关，直逼郑国的首都，使楚军声威大震。

战后，楚庄王找到这个人，问他为什么如此拼命。那位勇士回答："三年前，末将在大王的酒席上酒醉失礼，您不但没有治我的罪，还为我掩饰过失，如今，我当然要奋勇杀敌来报答大王。"原来，这位将士就是当年那个轻薄许姬的人。

楚庄王在三年前的小事上假装糊涂，给犯错的人留了一条后路。他的宽容大度在三年后得到了回报。这其实并不是糊涂，反而是聪明的最高境界，是一种富有远见的大智慧。

和楚庄王一样，西汉时期，汉宣帝的宰相丙吉也是一位看似"糊涂"实则机智过人的人。

丙吉有一次带人到乡下视察工作。路过一个路口时，他们看到有一群人在打架，死的死伤的伤。随行的人以为丙吉会上前过问，但是丙吉却视而不见，扬长而去。

又走了一段路，丙吉看到有头牛在路边大口大口地喘气，仔细观察了半天，然后对随行的人说："去问问牛的主人，这头牛走了多远的路？"

随行的人很疑惑，就问丙吉："丞相大人，刚才有人打架，人命关天，您没管，现在看到老牛喘气，您却十分关心，这是为什么呢？"

丙吉说："老百姓打架，那是负责治安的官员应该管的事，是罚是打，由他们来裁决。我作为宰相，只要对这些官员的政绩进行考核，然后奏请皇上对他们进行赏罚就行了，用不着我亲自过问这些琐事。我关心这头牛大口喘气，是因为现在是早春时节，牛不应该这样喘气，特别是如果这头牛没有走很远的路却这样喘气，说明气候有些反常。而气候反常可能会引发灾荒，这是关乎百姓温饱和国家安全的大事，所以我要管。”这样的解释，随行的人听得心服口服。

如果不是丙吉后来的解释说明，人们真的要认为宰相丙吉“糊涂”得不轻，竟然忽略人命关天的大事，却关心牛喘粗气的小事。但恰恰是这看似反常的举动却体现出丙吉的精明：他知道自己的责任和权力在哪里。不越俎代庖，去干涉治安官员分内的事；对关系到农业生产、自己职责所在的大事则必须要明察秋毫。

除此之外，丙吉的“糊涂”还体现在他“忘记”了自己曾对他人有过救命之恩。

丙吉辅佐的汉宣帝，在很小的时候因为受人牵连被关在监狱里。丙吉知道此事另有隐情，便对当时还是皇曾孙的汉宣帝特别照顾。后来，汉武帝听信巫师的话，头脑一热，便要杀掉监狱里所有的犯人，其中也包括皇曾孙。

当使者来到监狱要执行命令时，丙吉挡在门外阻止了他。丙吉说：“无辜的人不应该被杀，何况是皇曾孙呢？”二人一直僵持着，直到天亮。使者回去向汉武帝复命。汉武帝此时已然没有了当初下命令时的冲动劲儿，又听说是丙吉出面阻拦，也就没有再追究，并下令大赦天下。皇曾孙因此得以保住了性命。

后来，汉宣帝即位，但他并不知道丙吉曾经救过自己的命，丙吉也从来没有说过。直到后来，有一位知道内情的婢女在一个偶然的机会里说出了这件事，汉宣帝才知道丙吉对自己有这样的大恩，对丙吉越加尊重。

对皇帝有救命之恩，却一直没有让皇帝知道。在旁人看来，丙吉可真是“糊涂”至极，但正是这种“糊涂”最后成全了丙吉。事实证明，丙吉的救命之恩由第三个人说出来之后，反倒比丙吉本人亲口说出来更让皇帝感动。这样一来，在皇帝眼中，丙吉不仅仅是一位恩人，更是一位谦虚谨慎，有功劳也不炫耀的大忠臣。

不难看出，像楚庄王、丙吉这些能够做到“小事上糊涂，大事上聪明”的人，都有一个共同的特点，那就是这些人往往能在复杂的环境之中保有一颗平常心，能冷静地看清局势、预见趋势。他们懂得抓大放小，该“糊涂”的时候，能够做到豁达大度，淡然处之，该聪明的时候又会果断出击，毫不含糊。以小糊涂成就大智慧，实在是活得通透又洒脱。

站上国际讲坛的乡村邮递员

“巧诈”，是指为了自身的利益而故意甚至是恶意表现出某些迷惑人的假象，以欺骗他人为自己牟利；“拙诚”则是指心存善念、诚心诚意地做人做事。

巧诈的言行看上去机变灵活，喜欢在表面上迎合人心，也容易在短暂的时间内获得别人的好感。但实际上，它却是为了实现有利可图的目的而精于算计，做起事来机关算尽。心怀一腔拙诚的人在行为举止上有时会略显愚直拙笨，但这类人从不欺瞒别人，只要假以时日，人们会发现，这样的人是值得托付、值得深交的。感动中国的邮递员王顺友便是这样一位值得托付的人。

在四川省凉山彝族自治州木里藏族自治县有这样一位邮递员，一个人、一匹马、一条路，在大山里默默地行走了32年。这个人叫王顺友。

每次送邮件一走就是三四天，每到夜晚，王顺友只能露宿野外，在山洞内、大树下、草地上，甚至是在山岩底下搭一个简易的帐篷勉强睡一觉，饿了只能啃几口干粮，渴了就只能喝几口河水。而且，路上还可能会遇到各种意想不到的险情。

1995年秋的一天，王顺友就在一个叫“九十九道拐”的地方发生了意外。

“九十九道拐”是一条羊肠小道，盘旋于悬崖峭壁之间，非常狭窄，就连一个人通过都很困难，而小道的下方便是波涛汹涌的江水，稍有不慎就会连人带马掉入江中，生死不知。

当王顺友牵着马小心翼翼地通过这条小路时，突然一只山鸡飞了出来，马受到了惊吓，突然狂躁起来，一脚踢到了王顺友的肚子上。王顺友瞬间就痛得瘫倒在地，脸色乌青，豆大的汗水从额头不断滑落，双手不断颤抖着。许久过后，从剧痛中缓过来的王顺友承受着莫大痛苦，走走停停、停停走走，坚持着把邮件和包裹送完，期间他实在受不了，就躺在地上休息一会。

9天后，他去医院诊治，医生看到检查报告时大吃一惊。原来，王顺友的肠子破裂了，他却在这样的情况下还赶了9

天路！因为时间的耽搁，他的情况十分危险，腹腔脓肿、溃烂，全腹膜炎，感染性休克，医生说要是再晚来2天就回天乏术了。

2004年秋，王顺友得知有医学专家到木里县为患白内障的村民免费做复明手术。为了让患白内障的乡亲们能在最快时间得到这个消息并迎来复明的机会，王顺友不顾自己当时正犯着胃病，用了比平时快3天的时间将这个消息带给了乡亲们，让他们看到了复明的希望。

然而，因为犯了胃病，还日夜兼程，当他完成任务时，整个人已是满脸憔悴，被胃病折磨得几乎虚脱。

王顺友为什么那么热爱这份事业呢？因为王顺友明白，在那几个几乎与外界隔绝的小乡镇里，自己给乡亲们带去的不仅仅只是一封封书信、一张张汇款单、一个个包裹，更是一个个希望。

2005年10月，王顺友应邀登上万国邮政联盟行政理事会讲坛，成为自1874年万国邮政成立以来第一个被邀请的最为普通的基层邮政员。在讲坛上，王顺友向各国邮政代表讲述了自己如何履行乡村邮递员义务的事迹，打动了在场的所有代表。

王顺友坚持32年，风雨无阻地为偏远地区的乡亲们送信，虽然默默无闻，平凡得如同一棵小草，但却凭着一腔拙诚，把平凡却无私的自己送上万国邮政联盟行政理事会的讲坛，得到了全世界的认可。

王顺友不带一点杂念，踏实、纯朴的工作态度完美地诠释了什么是“拙诚”的品质。与之相反，巧诈、精明就显得非常刻薄、轻浮。这一点，晚清名臣曾国藩深有体会。

初入官场的曾国藩曾经是一个非常精明的人，他弟弟曾国荃也是一个精明的人，他们就因为精明吃过不少亏。

曾国藩亲手创立了湘军，但当时的朝廷并不完全信任他，没有给他实权。他很是郁郁不乐，趁着父亲去世便回家守孝。没多久，朝廷有意让他再次复出，便发下诏书请他赴任。曾国藩觉得这是一个争取实权的机会，便给皇帝上书，字里行间说明了自己的意思。但皇帝觉得自己被曾国藩要挟了，很不高兴，便让他继续在家守孝，这让曾国藩尴尬至极。

曾国藩有一个朋友叫迪安，虽然不懂人情世故，也不精于官场之道，但这个朋友却能保持本心，不争名望也不贪心功利，整天悠然自得。迪安给了曾国藩很多启示，他开始自我反省，同时对他的弟弟感慨道：“我们兄弟处处精明外显，实则是大大的不聪明，精于算计终究不是载福之道，有可能会带来灾难。”

明白了这一道理的曾国藩在后来的待人处世中身体力行，渐渐卸下心机，以平常心对待一切，慢慢修复了与左宗棠等人的关系，在官场中的境遇也大大改善。

王顺友的一片赤诚、曾国藩从精于算计到卸下心机的转变，都在说明一个实事：巧诈不如拙诚。俗话说“聪明反被聪明误”，精明的人可能会在一时之间占得不少便宜，但和这类人相处时间久了，别人也必定会加以防范，时时小心、处处提防，不想再被欺骗、被愚弄。而心思单纯的人，往往给人放松、自然的感觉，不用费尽心机，重重设防。这样的人就像荀子所说的那样，“温润如玉”，完美纯正。所以，处世不可不精明，但又不可太精明，留几分糊涂比较好。

机关算尽不如真诚为人

“机关算尽太聪明，反误了卿卿性命。”这是《红楼梦》里曹雪芹给王熙凤写的《聪明累》。说的是精明的王熙凤怀揣一颗“七窍玲珑心”，把贾府上上下下所有人、里里外外大小事都玩弄于股掌之间。但是人算不如天算，她费尽心机算计了一辈子，到头来，聪明反被聪明误，落得个凄惨的下场。

古往今来，这样的例子屡见不鲜。历史上，庞涓与孙膑斗智的故事就是其中一例。

孙膑和庞涓，本是同窗师兄弟，但孙膑似乎在天赋上更胜庞涓一筹，这让庞涓一直心生嫉妒但又无处宣泄。

庞涓学成后告别师父下山，做了魏国的元帅。战场上，庞涓计谋百出，使魏国连连获胜，他自己也立下赫赫战功，深得魏王赏识。恰巧这时，有人向魏王推荐孙膑，而魏王又得知庞涓和孙膑是师兄弟，便请庞涓写信邀请孙膑来魏国。

孙膑应邀前来，魏王却打算试一试孙膑的才华，便让庞涓和孙膑推演兵法。结果，孙膑将庞涓杀得片甲不留，这让本就嫉妒孙膑的庞涓彻底丧失了理智。庞涓担心孙膑会威胁自己在魏国的主将地位，于是，庞涓开始算计孙膑。他对魏王说孙膑本来的抱负是振兴齐国，他早晚会叛逃到齐国去的。魏王听信了庞涓的话，让庞涓去处罚孙膑。庞涓便以魏王的名义把孙膑抓起来，挖去他的膝盖，让他无法站立，还在他的脸上刺字。战国时期，受刑被刺字的人是不被各国重用的，庞涓这样做相当于把孙膑变成了废人，手段可以说非常狠毒。庞涓之所以没有直接杀掉孙膑，是因为他想从孙膑口中套取《孙子兵法》。

一开始，孙膑不知道这一切都是庞涓从中作祟，还想着要把《孙子兵法》交给庞涓。只是孙膑过于惨烈的遭遇使得庞涓的属下看不下去了，将真相告诉了孙膑，终于使孙膑明白了庞涓的险恶。

为了逃避庞涓的迫害，孙膑开始装疯，为了骗过庞涓，他甚至在猪圈里吃粪便，让庞涓以为他真的疯了，这才保住了性命。

后来，孙膑借着齐国使者出使魏国的机会，向齐国使者说明了自身的悲惨处境，又展示了自己的才能。齐国使者非常同情孙膑的遭遇，也十分欣赏他的才华，便偷偷将孙膑藏到马车上，将他带回了齐国。在齐国，孙膑得到了齐威王和大将田忌的信任和赏识，孙膑也从此开启了他的复仇之路。

公元前354年，孙膑带领的齐国军队与庞涓指挥的魏国军队交战，孙膑在桂陵设主力埋伏，一举擒获庞涓，这就是有名的“三十六计”中的“围魏救赵”。这一战使魏国消耗巨大，孙膑因此一战成名。被生擒的庞涓最终以交换战俘的方式被放回魏国。

随后，在马陵之战中，孙膑再次设计，让齐军假装溃败，迷惑魏军。庞涓率领的魏军不知是计，打算乘胜追击。孙膑让人在马陵设下埋伏，并让人把路边一棵大树的树皮剥掉，在树上写下“庞涓死于此树之下”的字样。当庞涓的军队钻入埋伏圈时，两侧齐军万箭齐发，魏军被打得措手不及。庞涓见到树上的字之后，知道自己又中了孙膑的埋伏，便拔剑自刎，临死前还高呼：“遂成竖子之名！”意思是，“我就成全你小子的心愿！”精于算计的庞涓终于死在了算计之中。

可怜又可恨的庞涓，本应该是一位有勇有谋的大将军，可惜被嫉妒冲昏了头脑，一心想算计孙膑，结果却落得如此下场。试想，如果他能和孙膑齐心协力辅佐魏国称霸天下，不但自己可以功成名就，也许还能和孙膑共同切磋《孙子兵法》。只可惜，人算不如天算，算计了半生的庞涓最后却自杀身亡，生前身后，一点体面也没留下。

归根结底，都是庞涓的格局太小了。格局小的人容易陷入对蝇头小利的算计中，因小失大。而如果想获得成功，做人格局一定要大，做事眼界一定要宽，格力电器的掌舵人董明珠就深谙其中的道理。

董明珠自掌舵格力电器以来，做过很多有魄力的决策，正是她的一个个关键选择，才使格力走到了今天。其中，最值得一提的是2004年的那一场收购案。

2004 年，珠海市为吸引外资，打算将当地的龙头企业格力卖给世界家电巨头美国开利。当时，格力年销售额高达 138 亿，而开利给出的收购价却只有 9 亿美元。面对这种相当于白送的收购，董明珠坚决不同意。

为了说服董明珠，开利集团给她开出了八千万元的天价年薪。要知道，董明珠当时的年薪只有十几万。面对诱惑，董明珠毅然回绝道："别说八千万！就算给我八亿年薪，我也不会同意！"

她非常清楚美国收购格力的意图：通过收购格力来打开中国市场，然后拆分格力。在此之前，我们有好多民族品牌就是这样被外资绞杀的。

董事会上，董明珠动情地说道："八千万元的年薪对我来说的确非常有诱惑力，但是，一旦格力被收购，也就意味这个品牌的灭亡。虽然开利今天是世界 500 强，但谁敢说 20 年后，我们格力不能成为世界 500 强呢？"

可惜的是，当时的董明珠只占有格力 0.7% 的股份，她的意见并没有产生什么影响力，格力高层都同意品牌被收购。

在这生死攸关之际，一心想救下格力的董明珠在走投无路之下来到省政府办公室，和省领导说明了格力的情况以及收购的后果。说到激动处，董明珠声泪俱下，甚至还拍了桌子。最后，她终于打动了省领导，促使省政府派出调查组对格力收购案进行调查。

最终，这场近乎断送格力前途的收购以失败告终。

董明珠面对巨大的诱惑，能够放弃个人利益，而以民族品牌为重，正是她的果断决策和大格局，才保全了格力电器，才使中国在家电界拥有了属于自己的世界500强企业。

在这个瞬息万变的社会，一个人成功的背后往往蕴藏了宏大的格局。曾国藩说："谋大事者，首重格局。"格局就是指一个人的眼光、胸襟、胆识、等心理要素的内在布局。人生中的每一次博弈，棋局的赢家往往是那些有着先予后取的度量、统筹全局的高度、运筹帷幄而决胜千里的方略与气势的棋手。能成大事的人，往往都有大格局。他们不会因为眼前一时的得失，而忘记自己更长远的目标。他们以大视角切入人生，力求站得更高、看得更远、做得更大。以及一往无前的勇气，因而可以走得更高更远。而精于算计的人，他的骨子里往往是贪婪的、自私的，经常会因为利益斤斤计较、睚眦必报，得罪很多实际上对他有帮助的人，导致众叛亲离。所以，我们要想成就自己，就要放下蝇头小利，不再算计别人，把自己的志向放到更大的格局中去。

诚信是一个人最大的资产

在今天这个信用越来越重要的社会，讲诚信，将成为一个人最大的资产。越是讲诚信、能被他人信任的人，就越容易和他人达成合作，他们与别人做交易的成本也就越低。总之，诚信可以让你有更多的自由和优势。当然，守护诚信也是一件很艰难的事情。

媒体曾报道过一个真实的社会新闻。一个年轻的小伙子，为了不辜负客户的信任，报警寻找债主，主动还债。

2019年，陈伟用打工存下的20多万元在南京开了一家水果店。他的店铺因为水果新鲜、价格公道，而且还可以“坏果无理由退换”，赢得了非常不错的口碑，生意十分红火。

随着客流量的增加，为了结算方便，陈伟也学其他店面的方法发展了会员。因为口碑好，客户们口耳相传，办卡的人不少，有的客户一个人就拉了三五个朋友到陈伟的店里办会员卡，会员最多的时候达570多人。

谁知，没过多久，因为新冠疫情的影响以及电商的冲击，陈伟的水果店生意跌入了冰谷，最后只好关门。盘点货款时，陈伟发现店里还有很多会员的消费卡没有用完。虽然在关门前，他已经陆续联系会员退费，但因为资金不足，只退掉了一部分会费。到最后，还有300多人，共计8万多元的会费没有退。

陈伟觉得，虽然店不开了，但一定要想办法还上这些会费，绝不能辜负顾客对自己的信任。

为了尽快还债，陈伟先在朋友的店里打工，一个月工资4000多。他发现这个收入太少，严重影响了还款进度。为了挣到更多的钱，他回到了老家南通，每天打三份工。早上不到6点就到批发市场帮姑妈卖羊肉，9点多以后再赶到一家装饰公司工地干活，一直干到下午五点半，他扒拉一口晚饭后又忙着送快递。这样一来，陈伟每个月能有八九千元的收入。每个月一拿到钱，他只留下三五百生活费，其余的都用来还债。每次还债，他都要坐上3个多小时的火车到南京，亲手把钱交到客户手上。每还完一笔，陈伟就多一分轻松。

还到最后，陈伟发现账单上有20多个人怎么也联系不上，欠他们将近2万元的债无法归还。他左思右想很长时间，突然脑袋里灵光一闪，想到了请民警帮忙。

于是，2021年11月的一天，陈伟拨通了南京市迈皋桥警务站的电话，说明了情况。最后，终于在民警的帮助下，他找到了债主们。陈伟的事迹因此受到了媒体的关注，某机构为了奖励陈伟的义举，为他颁发了5000元的奖金。

陈伟用实际行动为我们演绎了一个守护诚信的故事。面对本可以轻松逃避的债务，陈伟选择勇于面对，敢于承担。正如知名作家刘润所说的那样：“在人生的信用账户里，每一次言出必行、每一次真诚待人，都是对未来的储蓄。”从这个角度来说，陈伟一定是一个非常富有的人。

其实，不只是信息发达的现代人重视诚信，在消息闭塞的古代，人们同样把诚信看得比生命还重要，对讲究诚信的人也是尊重有加。“一诺千金”的典故说的就是古人讲诚信的故事。

著名史学家司马迁编写的《史记》中，有一篇叫《季布·栾布列传》的文章，讲述了一个“季布一诺值千金”的故事。

季布是秦朝末年的一位义士。他行侠仗义，喜欢替人打抱不平，并且十分讲信用，只要他答应人家的事，无论多么难办，他也一定会想尽办法履行自己的承诺。

季布信守承诺的品性为他赢得了很多好朋友，当时的西楚霸王项羽也因此十分欣赏他，把他招入军中效力，任命他为将军。

面对项羽的信任和知遇之恩，季布非常努力，他数次带兵击败刘邦的军队，惹得刘邦对他恨得咬牙切齿。

当刘邦打败项羽，成为大汉王朝的天子后，他便下令“凡是抓到季布的人，赏黄金千两；若私自藏匿，则灭门三族”。

刘邦悬赏捉人的金额从来没有像悬赏季布这么高过，相对的，藏匿季布的惩罚也从来没有这么严苛过。即便如此，因为季布的好品性早已深入人心，所以没有一个人出卖他。而且，还有一位姓周的好友冒着被诛杀三族的危险，热情地收留了季布。后来，为了给季布找到一个更安全的地方藏身，这位周姓朋友便和季布商量，让季布假扮成奴隶混在另外一个朋友的家中，然后一起逃到鲁地一位姓朱的人家里当劳工。

朱家是当地有名的大富之家，也很敬重季布的为人。所以，虽然季布到朱家假装耕种田地，但朱家仍然给季布非常好的待遇，所有田间耕作的事宜都由季布做主，朱家的主人吃什么，季布就吃什么。

而且，朱家的主人和刘邦的开国功臣之一夏侯婴非常要好，朱家找到夏侯婴为季布说情，请求刘邦赦免季布。刘邦很重视夏侯婴的建议，同时也通过夏侯婴对季布有了更多了解，知道季布以信守承诺而闻名于世，便免去了对季布的通缉，而且还给季布安排了一个职位。到了汉惠帝即位时，季布又得以升迁，并在对匈奴的政策上作出了积极的贡献。

最终，季布去世前还被当时的汉文帝封为鲁王。

身为敌国的将军，季布却得以在三位汉朝皇帝的手下任职，并最后得以善终，究其原因，都是因为人们敬重季布信守承诺的人品。“得黄金百斤，不如得季布一诺。”季布因诚信最终得善果，可见“一诺千金”的确是为人之道，值得我们每个人牢记并遵守。

现代的陈伟、古代的季布，都在用他们的言行告诉我们，言而有信对一个人来说是多么重要。守住诚信，我们就可以赢得更多的朋友、更多的支持。而一旦失去了诚信，我们就会变成一座孤岛，再没人愿意和我们打交道。诚信，是一个人最大的资产，值得我们用一生去换取和守护。

当我们能勇敢地承担责任，我们就可以得到信任，当我们明白有些利不能碰，有些事不能做，我们只能凭借自己的能力拿取属于自己的那一份利益时，我们就可以得到诚信。诚信，要用一生来积淀，但毁掉它，往往只要一瞬间，败光一次，就很难再重新拥有。所以，诚信很珍贵、很难得，我们都要守护好自己的诚信。

厚道是最高级的聪明

我们常说：“做人要厚道。”什么是厚道呢？厚道就是与人相处时不过分计较，能体谅他人的处境，不会为了蝇头小利而损害他人的利益。厚道的人懂得世态炎凉，但仍然以情义为重，能宽厚待人。历史上，鲍叔牙和管仲之间的友情被传为佳话，鲍叔牙厚道为人，对管仲的包容、理解更是让人感慨。

鲍叔牙和管仲是春秋时期齐国的两大著名相国。相国，相当于今天国家总理的职务。管仲曾是名门之后，但是后来家道中落，管仲出生时，他们家已经变得非常贫穷。

鲍叔牙是管仲非常要好的朋友，他们从小就感情深厚。二人在少年时曾一起经商，入股的时候，鲍叔牙总是会多出一些钱，而分红的时候，却总是管仲得的多一些，鲍叔牙分的少一些。而鲍叔牙却从不和管仲计较。有人背着管仲对鲍叔牙说："管仲这个人太贪心了，他不厚道，你对他那么好，他却总占你的便宜，跟你一点也不讲情分。"

鲍叔牙听了笑着替管仲解释说："管仲不是不讲情分、一味贪财的人，他之所以出钱少拿钱多是因为他家太穷了，家里还有老母亲需要侍奉，作为朋友，我得照顾他才对。让他多拿钱是我情愿的。"不久，鲍叔牙的话传到管仲那里，他非常感慨地说："给我生命的是我的父母，而懂得我这个人的却是鲍叔牙。"并把鲍叔牙视为生死之交。

不但如此，当鲍叔牙辅佐齐桓公登上王位后，他还极力向齐桓公推荐管仲。齐桓公很纳闷，问鲍叔牙："管仲曾经拿箭射过我，差点要了我的命，你还叫我用他为相？"

原来，管仲和齐桓公曾经是政治上的死敌，管仲为了能让自己辅佐的主人——公子纠当上齐国的国君，曾经用箭射杀过当时还是公子的齐桓公。

即便如此，鲍叔牙还是力劝齐桓公说：“管仲的才华天下少有。以我自己的才能，只能辅佐您治理齐国，而以管仲的才能，却可以助您称霸天下。”在鲍叔牙的极力劝说下，齐桓公终于不计前仇，任命管仲为相国，而鲍叔牙甘心位居管仲之下。

管仲当了齐国的相国之后，不遗余力地发挥他的才能，在齐国大力推行改革，极大地提升了齐国的国力。仅仅用了七年时间，齐桓公就在管仲和鲍叔牙的辅佐下成了春秋第一霸。

鲍叔牙对管仲的正直坦荡、宽厚为怀，让我们看到：真正的为人厚道，并不是为了讨好他人而做老好人，而是在明辨是非的前提下，怀着一颗温热之心，以最大的善意和柔情善待他人，善待自己生活的世界。

小王刚刚进入制作影视栏目的A公司，因为工作竞争激烈，采访资源都被垄断在老员工手中，作为一个新兵，他进公司一个多月却一直没有找到采访线索。

就在他一筹莫展的时候，有一天，他接到公司金牌策划人李姐的电话。李姐在电话里很客气地请他帮个忙。原来，李姐手上有一个采访任务，要求明天必须有记者和摄像到现场采访，而李姐此时正在外地出差，赶不上明天的采访。李姐观察到小王进公司一个月，一直没找到任务，而且李姐在小王入职时曾看过他编辑过的片子和写过的稿件，认为小王的能力和水平都不错，只是缺少机会，于是想到把明天的任务交给小王。

接了李姐的电话后，小王非常高兴，连连称谢。

第二天，小王带着摄像记者顺利地完成了采编任务，而且制作完成的节目，因为内容精彩，还被放在当期栏目的头条播出。

出差在外的李姐听说后也非常高兴，觉得自己没有看错人。但更让李姐没想到的是，小王把这一条新闻的署名挂在了李姐名下，那就相当于把这项采访工作的所有收入都记在了李姐名下。而且，采访对象付给小王的车马费也被小王如数转给了李姐。

这让李姐非常吃惊，还特意打电话和小王核实情况。小王很坦然地说："李姐，这个采访本来就是你的，我不过是代替你走了一下流程而已。再说，我来公司一个多月，一直还没有到过采访一线去感受真实的情况，您给了我这个机会，我感谢您还来不及呢！"

小王说得言辞恳切，让李姐大为感动。从此以后，李姐有意无意都会把自己手上的采访资源转给小王去做。而所有与小王合作过的采访对象都对小王的专业、敬业，特别是为人处世的厚道劲儿而印象深刻。每当他们有新的采访信息时都会第一时间通知小王。渐渐地，小王终于凭借自己的能力在公司站稳了脚跟。

不难看出，小王老实厚道的处事方式，似乎让他看上去拥有一种超越常人的远见。因为厚道，赢得了李姐和其他采访对象的好感，也为自己赢得更好的职业发展。厚道，让小王看上去似乎有些笨拙，但实则却是最高级的聪明，是他最出色的底牌。

如此看来，厚道，其实才是情商的最高境界。它貌似愚鲁，其实是大智若愚。和八面玲珑的圆滑、要小聪明的利己主义相比，厚道是心里装着别人，将心比心，是德行具足后的包容、宽厚和大格局。厚道的人待人忠实、诚恳、善良、大气，深得他人的信赖和尊重，有更多的好人缘。他们不争一时，却总能在日后好运不断，福报深厚。

第五章

口为福祸门：善言可培福，恶言能致祸

朱自清先生曾说过一句话：“所谓人情世故，一半儿是在说话里。”事实也的确如此。我们闯荡社会，有的人笨嘴拙舌、出口伤人，很难赢得他人认可，更不要提能得到别人的欣赏、帮助及合作了。而有的人一开口就能像磁石一样，吸引别人、一呼百应。

所以，会说话很重要。它不但是一种修养，更是帮我们赢得美好人生的有力工具。我们每个人都应该学会好好说话。

三年学说话，一生学闭嘴

我国一位非常有名的相声演员曾说过：“三年学说话，一生学闭嘴。”意思是说，我们从牙牙学语到能够畅通无阻地和人交谈，只需要三年的时间，但是却要用一辈子的时间学习怎样管住自己的嘴巴，知道什么话该说，什么话不该说。如果总是说个不停，就会言多必失，有可能会因为多嘴而招致灾祸。历史上，因为口无遮拦而引来杀身之祸的人屡见不鲜。

春秋时期，郑国的郑武公自继位以来，一直想吞并北方少数民族胡国，但他迟迟没有动手，因为他在寻找机会，想以最小的代价获得最大的战果。渐渐地，一个阴谋在他的心中慢慢成形。

他先是把自己最喜欢的女儿送到胡国和亲，与胡国结下军事盟约。接着，在一次朝会上，他故作严肃地问群臣：“我想开拓郑国的疆土，你们觉得对谁开战比较好呢？”群臣一时不知如何作答，本来他们之前一直以为郑武公是要对胡国开战的，结果他把女儿嫁了过去，大臣们不知道他葫芦里卖的什么药，只能保持沉默。

这时，郑国的大夫关其思提议：“我们刚刚把公主嫁给胡国，他们肯定会放松警惕，我们可以利用这个机会攻其不备，讨伐他们。”

关其思话音刚落，郑武公勃然大怒，说道：“胡国和我们有联姻之好，你居然要讨伐他，是何居心？”说完，便下令杀掉了关其思。

消息很快传到胡国，胡国国君非常感动，彻底放松了对郑国的防备之心。郑武公见时机成熟，便迅速出兵，一举攻陷了胡国。

郑武公嫁女儿也好，杀关其思也罢，其实都是他下的一盘大棋，只等有人配合他，来做他的棋子。冤大头关其思很不幸，因为心直口快，就成了郑武公的棋子，断送了自己的性命！

其实，当郑武公问出这句话的时候，未必只有关其思一个人想到了要攻打胡国，只是这些人可能看穿了郑武公的心机，没有说破。有时候，说是一种能力，不说是一种智慧。看破了是聪明，看破不说破则是一种境界。关键时刻的沉默，可以保全自我。正所谓“闭耳消烦恼，闭口远灾祸”。

我们人类生来有两只眼睛、两只耳朵、一张嘴巴，就是要我们“多看、多听、少说”。这六字箴言不但适用于官场，同样也适用于日常生活中人与人之间的相处。

小伍最近很后悔，后悔因为自己一时多嘴多舌，失去了一个相交多年的好朋友。

两周前，小伍的好朋友兼同事心明告诉他，自己因为要照顾重病的母亲，不得不离职回老家。但是他不会马上就走，一来他在等老家那边的求职回复；二来，也是想在下个月底拿到季度奖金之后再打辞职报告。

小伍听了很伤感，答应心明有空的时候多聚聚。本来这是好朋友之间的私密话题，但是小伍一时口无遮拦，不小心把这个消息说给了和他关系较好的小王。结果一传十，十传百，最后传到了公司老板那里。

老板找到心明，批评他不安心工作，还在公司散布消息，动摇人心。心明只把要离职的事情告诉过小伍，他知道一定是小伍泄露了消息，害得自己在老板面前如此被动。想到这里，他不由得心生怨气，觉得自己看错了人，自己把小伍当朋友，结果却被朋友出卖了。

而小伍这边，也意识到了问题的严重性，内心十分懊悔，但也于事无补。两个人就这样从好友成了陌路。

小伍彻底失去了心明这个朋友，固然让人惋惜，但更值得我们深思的是：在生活中，开口说话前一定要先走走心、过过脑子，一定要想清楚，自己要说什么、说给谁、怎么说，说完之后会给他人造成什么样的影响。这些问题想清楚之后再开口，不要让舌头跑在大脑前面。正如一位哲人所说的那样："愚蠢，总是在舌头跑得比头脑还快时产生。"要避免愚蠢，一定要在说话之前将所有禁忌想清楚了，想清楚后再说也不迟。这个世界上，从来不缺少口若悬河的人，缺少的是如何控制住自己嘴巴的人。

怎样才能管住自己的嘴巴不乱说呢？其实，做到这个也并不难。一个人能认识到管住嘴巴很重要，已经成功地迈出了第一步。如果我们总是遏制不住乱说话的冲动，不妨多回忆回忆以前因为管不住嘴而出糗的情形，给自己提个醒。同时也要多观察身边那些沟通能力强的人怎么说话，多体悟、多琢磨他们为什么那样说，自己是否能说得更好，如果自己在那样的场合下会怎么说。接下来就是多练习、多实践并坚持下去。喜欢与人沟通固然重要，但管住嘴巴，多进行有效沟通更重要，这是我们每个人在生活和职场上的必修课！

说话前，先问自己三个问题

"言行，君子之枢机，枢机之发，荣辱之主也。"这是《周易》中的一句话。意思是说：我们所说的话就像门轴一样重要，一旦打开就会产生很大影响。语言决定了我们的成功和失败，也决定了我们是享受荣耀，还是遭受羞辱。语言真的有这么大的力量吗？也许，一代影后阮玲玉在临死之前留下的“人言可畏”多少能说明这个问题。

阮玲玉是我国二十世纪三四十年代非常有名的电影演员，被尊为一代影后。这位品貌双绝、非常有表演天赋的演员，却选择在 25 岁这一年结束了自己花一样的生命。

1935 年，她的前夫因为敲诈她的钱财不成，便买通一些媒体，利用阮玲玉的婚姻讼案大做文章。当时的庭审还没有出结果，上海滩的各大媒体却如同苍蝇逐臭一样，不遗余力地将阮玲玉的私生活全部曝光，并加以丑化，甚至还添油加醋、大肆渲染那些前夫加在她身上的丑闻。

一时间，阮玲玉几乎成了所有报纸的头条，“盗窃犯”“与人通奸”等一桶桶脏水都泼到这个柔弱的女性身上。当时的整个上海滩，似乎人人都是阮玲玉事件的“知情者”，都可以对阮玲玉横加辱骂。一夜之间，阮玲玉从优雅高贵的“新女性典范”变成了伤风败俗的代表。

阮玲玉的生活崩塌了。她白天要面对千夫所指，晚上在梦里也会梦到无数双眼睛用嫌弃鄙夷的神情看着她。最后，她留下“人言可畏”的字条，吞下安眠药，永远地离开了这个带给她美好，又强加给她耻辱的世界。

阮玲玉死于“人言”，她告诉我们：语言，可以杀人于无形！可见它的力量有多可怕。当然，语言的力量还不止于此，中国古代最伟大的思想家孔子甚至认为“一言可以兴邦，一言可以丧邦”，即一句话能让一个国家兴旺，也能让一个国家灭亡。孔子的话是不是有点夸张？其实也不算夸张，因为历史上的确有不少口才出众的人凭着自己的三寸之舌挽救了一个国家，《史记》中记载的“苏秦巧言夺十城”就是其中一例。

苏秦是战国时期非常有名的外交家，他很受燕国君主的赏识。

燕国的君主燕文侯去世后，燕易王即位，国内很不稳定。齐国趁机攻打燕国，夺下了燕国的十座城池。燕易王非常生气，就对苏秦说：“先生，你能替燕国要回被齐国侵占的土地吗？”

苏秦答应了燕易王的请求，去拜见齐王。

见到齐王后，苏秦先是深深地鞠了一躬，说：“恭喜齐王！”齐王问：“为什么要恭喜我？”苏秦说：“大王您得到了燕国的十座城池，国土面积增加了，难道不值得祝贺吗？”

说完，苏秦又昂头朝天拜向齐王，这个礼节在古代是表示哀悼的意思。他嘴里还说：“可悲啊，大王！”苏秦的举动让齐王很生气，他问：“现在怎么又哀悼我呢？”苏秦说：“当一个人饥肠的时候能找到吃的东西当然可喜可贺。可是，如果他吃完以后却发现这些东西是有毒的，那是不是很可悲呢？”

齐王被苏秦的话绕迷糊了，就问：“你说这话是什么意思呢？”苏秦问道：“请问大王，你觉得齐国到了称霸天下的时候了吗？”齐王想了想说：“现在还没有。”苏秦又说：“是啊，齐国现在羽翼未丰还不能高飞，实力没到还不能称霸，但却把称霸天下的野心暴露出来了，这样做会有好下场吗？秦国刚刚把公主嫁给燕王，而齐国却夺了燕国的十座城池，燕国会日夜想着如何报复齐国，秦国也不会坐视不管。大王想想看，齐国现在的处境有多可怕！”

齐王终于明白了苏秦的意思，也害怕起来，说：“那你觉得齐国该怎么办呢？”苏秦见时机已到，便问齐王：“如果一个人发现吃到肚子里的东西有毒，他要想活命的话该怎么做？”齐王回答道：“把吃的东西吐出来。”苏秦趁机说：“大王知道该怎么做了。”

后来，齐国归还了燕国的十座城池。

苏秦用三句话替燕国要回了十座城池，而这十座城是齐国曾用几万军队花了很长时间才打下来的，正所谓“三寸之舌胜过百万之师”。这难道不恰恰彰显了语言的强大力量吗？

语言的力量如此强大，这也提醒我们说话一定要小心。我国古人很讲究“君子慎言”，也是因为这个原因。“慎言”，即说话之前最好三思，斟酌好了再说。

如何做到“慎言”呢？有一个方法值得借鉴，每当说话之前，先在心里问三个问题：“一，我要说的这句话是真的吗？有什么依据？”“二，我说这句话会起什么作用？”“三，我说这句话是出自善意，还是为了炫耀我自己？”如果这三个问题的答案都是正面的，即“我说的这句话是真的、善意的、有用的”，这个时候再开口，就会减少很多麻烦。

打铁看火候，说话看时机

人们常用“打铁看火候，说话看时机”来劝诫大家说话要看时机。同样一句话，在恰当的时机说出来，可能会事半功倍；而在错误的时机说，可能会惹来麻烦，甚至招来祸患。把握说话的时机到底有多重要？或许，《墨子》中记录的这段对话可以帮我们很好地了解这一点。

学生子禽问曰：“多言与少言，何益？”墨子曰：“蛙与蝇，日夜恒鸣，口干舌敝，然而不听。今观晨鸡，时夜而鸣，天下振动。多言何益？唯其言之时也。”

这段话翻译过来就是，学生子禽请教老师说：“多说与少说各有什么好处呢？”墨子回答道：“苍蝇、青蛙一类的东西，不分白天和黑夜都聒噪个不停，叫得口干舌燥，但却没有什么人愿意听它们这样叫。然而，你再看看那雄鸡，无论白天还是夜晚，它都沉默寡言，但一到黑夜将息，白昼将至的时候，它便开始啼叫，而且一叫就能响彻天下、世人皆知，人们听从它的叫声纷纷起床。这是因为雄鸡叫得正是时机啊。”

墨子用形象的比喻告诉他的学生，也告诫我们世人：话说多、说少都不是关键，关键是要说得契合时机。把握说话的时机就是要在恰当的场合、恰当的时间，对恰当的人说恰当的话。缺少其中的任何一样，都是没有把握好时机。说话看时机，对于在职场中打拼的人们来说尤其重要。

A栏目组的制片人张树因为所负责的节目在播出时出现

了严重的问题，被领导批评了一上午。中午，张树灰头土脸地回到栏目组，连午饭都没来得及吃，便闷在办公室里写检讨。正写到一半时，办公室的门被敲开了，是会计小于拿着一沓报销单找他签字。

张树此时正为写检讨书而闹心，上午又因为领导的批评窝了一肚子火，这会儿见小于因为这点小事来烦他，就更加生气。他铁青着脸翻看了一下报销单，发现里面有一组打车的票据有点问题，便扔了出来，闷声闷气地说："这个票据不能报。"小于解释了半天，张树却一副没听见的表情，只把其他的票据签了字。

小于拿着没有报销的出租车票叫苦不迭。后来，办公室主任安慰她："报销的事不急在这一两天，你下周再找他试试。"

一周后，当小于再次拿着票据找张树报销，并详细地说明了票据的来源时，张树便很痛快地签了字。

经过这件事后，会计小于总结了一个经验教训：找准说话办事的时机太重要了。否则，连为什么失败都不知道。她第一次报销没成功，纯粹是自己往枪口上撞，没有顾及领导的情绪，何况对方当时正忙得不可开交。而第二次报销之所以非常顺利，恰恰是她选对了时机，领导当时心情不错，也有耐心听自己解释，所以事情很顺利地办成了。可见，选对时机是多么重要。

说话看时机，不但要看场合，更要看对象。同样的玩笑话，朋友聚会的时候说可以调节气氛，在办公室对领导说，就会使双方都很尴尬，还会给领导留下坏的印象。

刚刚大学毕业的王萌在一家信息公司做前台，她爱说爱笑，性格活泼，很快和同事们打成了一片。

有一天，她到总裁办公室送文件，碰巧办公室主任也在那里等着领导签字。当总裁签完字后，办公室主任拿过文件，看着上面的签字夸赞道："李总，您的签名可真气派！"这时，站在一旁的王萌笑着接过话头说："我也发现了，我觉得李总的字迹特别像现在很流行的一种签字风格，李总一定是模仿着这种风格，在背地里下了不少苦功夫吧？"这话一出口，总裁和办公室主任都尴尬地不知道说什么，只好随便找个话题缓和气氛。

待王萌放好文件离开总裁办公室后，她在走廊里遇到了正等着她的办公室主任。主任一脸严肃地批评王萌："你是经常和领导打交道的人，以后说话不能这么随便！如果今天有客户在这里，你那样接话，领导的形象、公司的形象都被你丢尽了，以后要好自为之！"王萌听后满脸羞愧地低下了头。

王萌不顾身份、场合，随便和领导开玩笑，难免会让旁观者认为这个公司的员工没规矩、没素质，说话办事没分寸，进而可能会质疑公司的管理水平。如果真的有客户在场的话，说不定还会犹豫要不要和这样的公司合作，如果真是这样，损失可就大了。

说话看时机，还在于面对不同的人说不同的话，措辞和语气都要有差别。比如，当我们称呼一位清洁工人时，叫“师傅”可能更亲近一些，如果叫“先生”就会显得有些生硬；而如果我们在写字楼里遇到一位西装笔挺的先生，却称他为“师傅”，未免不合时宜。

一位央视著名主持人曾讲过一件在工作中发生的糗事。有一次，她采访一位养猪分会的负责人。采访过程中，她一没留神问出了这样一句话：“我想问一下，你们这个分会辐射了多少农户？”被采访人听了她的问话之后一脸疑惑，停顿了一下问她：“记者同志，对不住，你说的‘辐射’是啥意思？”对方这一问使得这位主持人立马意识到自己的采访出了问题：采访对象是一位农民朋友，用“辐射”这么书面、官方的语言来提问对方，不但是对人家的不尊重，也显出自己的不专业。意识到自己的错误之后，这位记者尴尬得恨不能找个地缝儿钻进去。

这位主持人用亲身经历提醒我们：说话不看对象，就有可能出洋相。

上面的几个例子都在昭示这样的事实：好好说话其实就是好好思考——思考什么才是恰当的说话时机。不看场合、不看对象，想说就说，轻则遭遇尴尬，重则可能会断送自己的事业和前途。而选择恰当的沟通时机，选择在对方感兴趣的时候说，找准适合的场合说，针对不同的对象选择不同的说话方式，这样做，不但是对谈话双方的尊重，同时也可以更好地发挥说话的效果，达成沟通的目的。希望大家都能引以为鉴，避开说话的雷区，走上成功沟通的康庄大道。

孟子和诸葛亮的高超话术

俗话说“出门观天色，进门看脸色”，说的是看人说话的重要性。它强调的是在沟通中要讲究灵活变通，要根据对方的身份、情绪以及说话氛围及时调整说话方式，不要怎么爽怎么来，那样会导致很多矛盾和误会，影响人际关系。

如果我们想让别人听得进我们的话，认同我们的观点和想法，最好要先读懂对方的心思，知道对方喜欢听什么，讨厌听什么，怎样说才能打动对方。这样才是有效沟通，才能达成我们的交往的目标。这一点，我们可以向孟子学习。

> 有一次，孟子在周游列国时来到了齐国，齐宣王对孟子说：“寡人有疾，寡人好货。”意思是：“我这人有个缺点，就是非常贪财。”孟子听了内心其实是很不爽的，但一想到对方是一国之君，而且自己此行的目的是要向齐宣王宣扬“仁政”，所以，为了打动齐宣王，让他更好地接受自己的理念，孟子觉得要先营造一个愉快的谈话氛围。于是，孟子没有反驳齐宣王，也没有像其他的直臣一样，给齐宣王讲大道理，而是顺着齐宣王的话说：“大王贪财吗？贪财好啊！”
>
> 接着，孟子便列举周朝的公刘在最初创立周朝时也“好货”，因此得以发展经济，使周朝变得越来越富强。之后，孟

子话锋一转，又提到“大王您在爱财的同时，要是能想到您的子民也同您一样喜爱财货，您能让他们也手中有钱而不至于吃不上饭，那不是更好吗？”

齐宣王听了很受用。他又对孟子说：“寡人有疾，寡人好色。”意思是：“我还有个毛病，就是喜欢女色。”孟子再次机智地答道：“大王喜欢女色吗？喜欢女色好啊！”

接下来，孟子又列举周文王爷爷的故事，说周文王的爷爷外出巡视时也要带着他喜爱的妃子一起出行。然后，孟子又顺势说道：“大王喜欢女色实在太好了，天下男人哪有不喜欢女色的呢？您有了爱人之后，也记得让您的所有子民也要有爱人，成双成对，家庭幸福。这样，您统治下的国家也就平安了啊！”

孟子的一番话让齐宣王心里像喝了蜜一样舒坦。

从孟子回复齐宣王的两段对话中可以看出，孟子很顾及齐宣王的情绪和当时的谈话氛围。要知道，孟子平时其实是个言语很犀利的人，他怼人的功夫很是了得，常常引经据典，怼得对方哑口无言。但在这段对话中，孟子为了照顾齐宣王的感受，为了更好地输出自己的“仁政”理念，他连大道理都没讲，而是采取攻心战术——赞同齐宣王，让他高兴，让他愿意听自己说话，然后把自己的理念无缝衔接进去，让齐宣王在飘飘然中接受自己的想法。

同样的，三国时期的诸葛亮用激将法让张飞主动战马超，也是针对张飞这个人的性格特点而采取的沟通策略，同样产生了意想不到的效果。

《三国演义》第六十五回中，马超率兵攻打葭萌关，诸葛亮接到军报后对刘备说："只有张飞和赵云二将才能战马超。"刘备说："子龙（指赵云）领兵在外，没有回来。翼德（指张飞）在此，应赶紧派他去。"诸葛亮说："主公先别急，让我激一激他。"

正在这时，张飞也听说了马超攻关的消息，他一边闯入刘备的帐中一边大声说："我来向哥哥辞别，前去战马超。"

诸葛亮装作没听到，故意对刘备说："现在马超侵犯关隘，无人可敌。除非去荆州把关云长叫来才行啊。"张飞说："军师为什么要小看我？我曾经独自拒曹操百万雄师，会奈何不了马超这么个匹夫吗？"

诸葛亮说："翼德据水断桥，这是因为曹操不知道虚实。他如果知道虚实，你还能没事吗？马超之勇，天下皆知，渭桥六战，杀得曹操割须弃袍，几乎丧命，非等闲可比。云长也未必能战胜他。"张飞说："我这次去，如果胜不了马超，愿受军法处罚！"

诸葛亮说："既然你肯立军令状，那就当先锋吧。"

诸葛亮之所以要用激将法，是因为他知道张飞这个人脾气暴躁，而且还有爱酗酒的毛病，如果直接要求他出战，他很容易轻敌，误了大事。而采用激将法，故意说这次战事极为凶险、极为重要，张飞不能胜任，就会激发起他的斗志和勇气。立下军令状，也增强了张飞的责任感和紧迫感，使他重视这场战斗，谨慎地执行任务。事实证明，张飞后来在与马超的对阵中，果然非常谨慎，没有发生闪失。

与人沟通时，针对不同的人采取不同的说话方式，是一种很强的应变能力。还有人把这种能力比喻成“见人说人话，见鬼不说话，见神要听话”。其中，“见鬼不说话”的意思是说，当两个人的认知水平相差太大时，沟通起来难免就会鸡同鸭讲，根本说不通，这个时候，千万不要试图去说服对方，转身走便好了。“见神要听话”，意思是如果我们有幸遇到一个精神与阅历都非常丰富的智者，一定要多听听他讲话，多体悟他的思想，这样，我们才能进步。

合理地拒绝，巧妙地回应

日常生活中，我们都遇到过被人请求帮忙的时候。如果对方要求合理，我们也有能力帮这个忙，那么，本着助人为乐的精神，伸出援手也未尝不可。可是，如果对方提出的要求不太合理，也超出了我们的能力范围，那么我们就要懂得合理地拒绝。

但很多人却因为不敢拒绝或是不懂怎样拒绝而烦恼。有的还因为拒绝得过于生硬而影响了人际关系。可见，学会拒绝实在是一门人生必修课。下面，我们来看看有没有什么办法能让我们在拒绝他人的时候不那么为难。

当亲友或同事有求于我们，而我们因为种种原因不想帮忙，又碍于情面很难拒绝的时候，可以借助第三方之口来委婉回绝对方。比如，像下面故事中的小王这样。

小王的表叔央求小王借房产证给他去银行做抵押，以便自己贷款做生意。小王觉得表叔的做法十分不靠谱，但碍于他是长辈，所以小王没好意思当面拒绝。但他又实在不想把房产证借给表叔，于是便对表叔说："表叔，房子的事情我一个人做不了主，我得回家和我老婆商量一下。"小王觉得，如果表叔能听懂自己的话外音，可能就不会再难为自己了。

但没过几天，表叔又打来电话问房产证的事。这次接电话的是小王的爱人。电话里，小王的爱人很抱歉地说："表叔，你的事情小王和我说了。我也没想好怎么办，就征求了我爸妈的意见，因为买这个房子的时候，我爸妈出了一半的钱。他们觉得抵押房产证这个事不太合适，风险太大了，而且还可能还会影响我和小王的信用记录……"拒绝的话说出去以后，小王和爱人都觉得轻松了很多。为了缓和气氛，他们两个还耐心地给表叔讲了房产抵押的细节和风险，表叔也理解了他们的难处和担心，便没有再强求。

借助第三方回绝，可以给对方造成一种错觉——是第三方在拒绝他，而不是你，这样就可以降低心理上的冲突和对抗。但是，这里面的第三方一定要选好，一定要和你利益相关。比如故事中的小王，他提到的第三方是他的老婆，还有付了房款的岳父母。如果他借助的第三方是一位与他关系不大的普通同事，那未免显得太敷衍，更容易引起表叔的不满。

另外，在小王的故事中，我们还看到，当他的第三方是老婆时，表叔还在纠缠；而当第三方是岳父母时，表叔便止步了，因为表叔和岳父母没有交集，不好再去纠缠他们。试想，如果岳父母和表叔关系更近的话，事情恐怕会发展成表叔去找他的岳父母求情。这样一来，小王会更加骑虎难下，而且还要背负“甩锅”给岳父母的“骂名”。

礼貌地拒绝他人还有一种不错的方法：增加你伸手帮助对方的难度。比如，同事请你帮他分担部分工作，而你担心完成不好会耽误对方，更不想因此承担责任。你可以直接和对方说：“哎呀，实在对不起呀，我现在手上还有好几样活没干完呢，李总要的方案要今天中午之前完成，下个月的工作计划和报表也要在今天下班之前交给王总。本来今天和朋友约好了，中午要出去吃饭都取消了，所以实在抱歉啊，我也帮不了你。”像这样摆出你的现实困难，让对方看到，你不是不愿意帮他，而实在是分身乏术。以这种方式拒绝，对方多半都会理解。

在这里，一定要注意你提到的现实困难是具有说服力的，一定要和对方的请求形成真正的冲突和矛盾。否则，对方就会觉得你是在推脱，根本不想帮忙。试想，你如果在上班时间偷偷“摸鱼”，被同事发现，他来找你帮忙，你却说“我要好好摸鱼，帮不了你”，对方会怎么看你呢？

还有一种比较好的拒绝方式是适当地示弱，表示自己能力有限，爱莫能助。比如，对方向你借一千元钱，但你和对方的关系还没有到可以互相借钱的地步，而且，你觉得这个人不太靠谱，借钱给他可能有去无回。这个时候你可以说，“我这个月消费超支了，现在包里只有三百元现金”。这种情况下，对方可能不再向你借钱，即便是借了，那么对你来说即使还不回来损失也不大，还让他欠了你一份人情，以后再有麻烦可能也不会再找你了。

再有，如果对方的事情比较急，你也可以用拖延的方式来拒绝。比如，对方想借你的私家车出远门，而你不太想把自己的爱车借给他。这时，你可以说：“我这两天有事，也需要用车，如果你不着急的话，能不能等我忙完了再借给你用？”这样拒绝，要比直接说“不”更容易被对方接受，他的失落感也不会太大。

当然，如果情况允许，你也可以给对方编编故事，通过故事让对方撤回自己的请求。还以借车为例，你可以说：“唉，不瞒你说，我去年也借过车给 ×××，但没想到发生了事故，让我的车变成了事故车，不但安全性下降了，还贬值了不少。对这个事，我现在想想还闹心呢！”如果对方稍微懂点事，听你这样说时，十有八九就不会再提借车的事了。

我们可能都有这样的感觉，面对面和人聊天，与我们在网上通过语音、文字和人聊天，沟通的效果是不一样的。网上聊天更容易放得开。所以，如果觉得面对面时拒绝他人的话太难说出口，不妨换成在电话里说，或是通过手机短信、微信来传递，可能拒绝起来就比较容易了。

最后要说的是，拒绝别人是我们每个人都享有的权利，对别人说不，没有什么不好，但要找对方法，不要因此影响人际交往。学会拒绝，是我们的一种生存技能，好好学习，然后勇敢地说“不”。

借他人之口，抒自己之言

社交场合，我们有时会遇到这些情况：有些话直接说出来，可能会引起对方不快；直接拒绝某些人，又怕得罪他；有些事自己说出来，有点难堪……这种时候，可以转个弯，把自己想说的话借他人的嘴说出来。比如，在说难堪的事之前加上“我听说……”，这么一转换，事情可能就不再那么尴尬了，就像下面故事中的纪晓岚这样。

清代名臣纪晓岚在乾隆手下任职的时候，乾隆正值好大喜功、深谙权谋之道的中年，懒散之余常常出点坏主意，“虐一虐”手下的大臣。纪晓岚就曾被乾隆“虐”过很多次，幸好他机敏多智，一次次有惊无险地拆解了皇帝的“阴招”。

有一次，乾隆在和纪晓岚聊天的时候一脸蔫坏地问纪晓岚：“纪爱卿，‘忠孝’两个字怎么解释？”

纪晓岚答道：“忠就是‘君要臣死，臣不得不死’；‘孝’就是父要子亡，子不得不亡。”

乾隆立马狡猾地接过话头说：“好！朕要你现在就去死。”纪晓岚：“臣领旨！”乾隆坏笑着问：“你打算怎么个死法？”纪晓岚很严肃地说：“跳河。”乾隆说：“那好吧！”纪晓岚恭恭敬敬地向乾隆行了个礼，便去跳河了。

看着纪晓岚远去的背影，乾隆知道他肯定不会去跳河的，但是乾隆憋着坏，想看看纪晓岚怎么为自己开脱。

果然，没一会儿工夫，纪晓岚便回到了乾隆跟前。乾隆笑着问道："纪爱卿怎么没死呢？"纪晓岚答道："我在河边碰到屈原了，他不让我死。"乾隆问："这话怎么说？"纪晓岚回答说："我正要往河里跳的时候，屈原突然从水里走了出来，对我说：'晓岚，你先不要死！想当年我是因为遇到了昏庸的楚王，才不得不死。但如今的乾隆皇上如此圣明，你为什么也要死呢？你不如回去问问皇上，如果他说想当昏君，那你再来死也不迟！'"听了纪晓岚的话后，乾隆放声大笑，边笑边称赞道："好你个纪晓岚，真是个巧舌如簧的雄辩之才。"

纪晓岚借屈原的嘴保全了自己的性命，又免去了背负"不忠"的罪过，还顺便恭维了一下乾隆，难怪乾隆被他将了一军还能开怀大笑。试想，如果纪晓岚不拉"屈原"来帮忙，而是直通通地和乾隆爷辩论一番，那又会是怎样的情形呢？

其实，"借他之口说自己的话"还有一种最常见的方式——我们在媒体上常常看到的各种明星代言广告。这种广告就是借明星的口，说厂家想说的话，以此来宣传产品。明星对产品的介绍和夸赞更容易被粉丝相信，远比厂家拿着自家产品"自吹自擂"更有号召力，这也是为什么明星代言比较盛行的原因。在现实中，采用这种推销方式的人大有人在。

销售员张军曾接待过一个大客户。他知道这个客户非常重视产品的质量，于是提前花了一周时间整理了各种生产数据，用以证明产品质量是非常有保障的。当他把这些数据通过精心设计的PPT演示给客户时，对方只是礼貌性地点头、称赞，却没有实质性的表示。

张军有点失望，但他还是坚持着，直到最后，他把该产品最近成交的客户清单拿出来时，他发现客户的眼睛亮了一下。原来，清单当中有一个W公司，这个公司因为对产品质量要求非常严苛而闻名。客户觉得，这样的公司都购买他家的产品，说明他们的质量肯定错不了。于是，客户的态度很快变得积极起来，没多久便达成了交易。

其实，张军如果很有经验的话，他可能不必那么费时费力地收集资料、准备PPT，而只要提一句“W公司也购买了我家的产品”，也许就可以打动客户下单了。这就是典型的“借他人之口说自己的话”的例子，这样做可以增加说服力，事半功倍。

借他人之口说自己的话，可以把那些无法直接说出口的、有风险的话借助第三方的嘴巴转述出去，从而给自己留下可进可退的余地，减少人际交往的矛盾。另外，如果你觉得自己人微言轻，有些话从自己嘴里说出来没力度，你也可以借他人之口——通过引用名人名言的方式说出来，比如“伟大的思想家孔子曾说过……”，这样就能提高你的说服力。

再有，如果我们想赞美他人，又不想让对方觉得是在溜须拍马，也可以借第三方之口。比如，当你想夸赞张小姐漂亮时可以这样说：“早就听同事们说张小姐十分漂亮，今天一见果然名不虚传。”这样说是不是要比直接赞美要好呢？同理，要是你想宣扬自己的优点，或是想让别人知道你做了什么好人好事，也可以请第三方来帮你，这样的宣传效果要比你自己主动去表现更容易打动人。

“借他人之口说自己的话”，这种十分重要的说话技巧可以用在很多场合，提高我们的沟通能力，帮我们更好地与人相处，希望大家都能学会这个技巧并从中获益。

第六章

情面难却：面子是中国人最大的人情世故

中国人爱面子，这在世界上都是出了名的。鲁迅比喻中国人的面子如同清代人的辫子，只要抓住了这根“辫子”，人就会跟着走了。的确，在中国人眼中，面子关系到一个人社会地位的高低，关系到自己是否受人欢迎……有人终其一生都在为面子忙碌。

懂得了面子，也就懂得了中国人的人情世故。与人相处时，我们即使不能给对方增添面子，也千万不要伤他的面子。不然，对方一旦找到机会，也会让你没面子。

给别人面子＝给自己方便

俗话说“人活一张脸，树活一张皮”，意思是：人生在世，脸面很重要，就如同一棵树，如果没有了树皮就会死掉。的确，现实生活中，我们每个人似乎都非常爱面子，中国人尤其如此。从考试成绩到工作收入，再到房子、车子、“位子”“票子”，甚至儿子的学习成绩、女儿嫁得好不好，都成了和面子息息相关的东西。

可是，面子究竟是什么呢？难道真的就是“一张脸”吗？其实，所谓“面子”，更多的时候是指我们的虚荣心。因为虚荣心作祟，导致我们放不下身段、抹不开脸面，即便经济实力不允许，也要咬紧牙关住大房、买名车、穿名牌……似乎只有这样，才有面子，才幸福快乐。但事实真的如此吗？

小美今年刚刚考入南方一所名牌大学。但她似乎并没有为此而开心，反而时常感到郁闷和失落。原来，自上大学以来，她发现同宿舍的几位女同学家境都非常好，她们穿的衣服、用的护肤品几乎都是名牌或是国外代购的。而小美的父母都是普通工人，他们的工资维持一家人基本生活开销没问题，但实在没有能力给小美买什么名牌。每天晚上宿舍“卧谈会”的时候，舍友们聊吃的、穿的，小美根本插不上话，非常尴尬。

好强的小美非常不甘心，她便拼命地做兼职赚钱。但是兼职太累了，而且钱也很少，一个月做两份家教还不够买一只包包的。

直到有一天，小美在网上无间中发现了一则贷款广告，声称大额低息贷款，可以让人不再为手头拮据而烦恼。小美鬼使神差地点开了广告……

此后的几个月里，小美陆续给自己添置了很多以前想都不敢想的东西——品牌手包、名牌衣服、鞋帽、化妆品。在同学们惊奇目光的注视下，一身名牌的小美觉得特别自豪。

但是，三个月后，小美发现，自己当初在网上贷的三万块钱居然利滚利变成了五万多！小美一下子蒙了。月底，催债电话开始日夜响个不停，让小美一度陷入了抑郁、焦虑之中。终于有一天，父母打电话过来，问小美是不是欠了很多钱。原来，催债电话已然打到了父母那里！

小美见事情实在瞒不住了，只好实话实说。父母听了之后，狠狠地骂了小美一顿。爸爸担心女儿出事，还专门从老家赶过来，也带来了小美还债用的钱。

小美手握带着爸爸体温的一沓钱，愧疚万分。

小美为了面子，为了可怜的虚荣心，差点误入歧途。正如有句中国老话说的那样，“死要面子活受罪”。虽然人人都有虚荣心，人人都希望被他人高看一眼，但如果为了这些华而不实的虚名，而做出伤害自己或他人的事情就太愚蠢了。一个人能真正赢得他人的赏识和尊重，一定不是依赖表面的华丽，而是靠自己的实力、本事赚来的。有时，甚至为了提升自己，赢得尊重，我们还要放下面子。

曾因创办锤子科技而闻名的罗永浩在2020年摇身一变，成了抖音带货主播。因为他的锤子科技破产了，自己从万千粉丝眼中的偶像，成了欠债好几个亿的“负翁”。

为了赚钱还债，老罗不得不放下面子，做起了当前赚钱最快的直播，从输出“高大上”的文化、科技变成了代言冷面、橙子等农产品。为此，很多人说老罗不要脸，为了赚钱如此卑微，很看不起他，他的偶像人设也彻底跌落神坛。

罗永浩的粉丝还在他的微博下面留言："罗老师，我一直当你是偶像，现在想问您，你对现在的自己失望吗（我心里的老罗不应该只是一个主播而已）？"

而罗永浩却非常坦然地回复到："失望？怎么会！我在想各种办法赚钱还债啊，做主播赚的又不是赃钱……"

虽然罗永浩因为直播带货而从"云端"跌入到了"泥土"之中，但这也恰恰是他更值得我们尊重的地方。面对巨额债务，他不躲不藏，勇敢直面。为了尽快还债，他直播带货、努力赚钱，不偷、不抢，光明正大。他用实际行动告诉我们：当你一无所有的时候，却还死要面子，只会让你更丢人！

中国著名的实业家、慈善家李嘉诚曾说过："当你放下面子赚钱的时候，说明你已经懂事了；当你用钱赚回面子的时候，说明你已经成功了；当你用面子可以赚钱的时候，说明你已经是人物了；当你还停留在那里喝酒、吹牛，啥也不懂还装懂，只爱所谓的面子的时候，说明你这辈子也就这样了。"

人们爱面子如同鸟儿爱惜羽毛，这本无可厚非，但是如果过度追求面子，心理就会发生扭曲，变得盲目攀比、嫉妒他人，过分看重他人的评价。抱着这种心态去生活和工作的人，很容易产生心理失衡，使自己陷入危机，真的变成为了"死要面子"而"活受罪"。因为这类人的自我价值往往来自他人的评价，或是在与他人的比较中获得的。当他得到较低的评价，或是在和他人的比较中成为落败的一方时，他就会失去自我价值，认为自己是个没用的、一无是处的人，这是非常可怕的。

所以，我们要摆脱过度追求“有面子”的心态，多认可自己，多和尊重自己、认可自己能力的人交朋友，多多关注生活中那些美好的人和事，不过度奢望自己没有的，好好珍惜已经拥有的。

面子是外化了的尊严

在商界打拼了几十年，会经商、更会做人的李嘉诚曾说过：“不为五斗米折腰的人，在哪里都有，千万别伤害了别人的尊严，尊严是非常脆弱的，经不起任何的伤害。”李嘉诚所说的尊严往往就是外化了的面子。

中国人爱面子，做事之前首先考虑的就是面子，也特别在乎别人是否给自己面子。比如，很多场合下，我们都会听到有人把“赏个脸”“行个方便”挂在嘴边。对于爱面子的人，如果有人驳了他的面子，就如同在公开场合打了他的耳光一样严重，可能会让他记恨一辈子。所以，我们做人也好，做事也好，一定不要伤害别人的面子，而且还要多给别人面子，这是做人、做事的大学问。

隋炀帝杨广是个很有才华的人，他在诗文方面造诣很深，也引以为豪，但他为人心胸狭隘，特别忌讳别人文采比自己强。

有一次，隋炀帝办了个诗友会，让大臣们斗诗取乐。隋炀帝当场写了一首《燕歌行》，自己觉得非常满意，让大臣们仿照他这首诗的题材和诗。很多大臣都知道隋炀帝的好胜心强，所以他们只是假装认真地应付了一下。唯独有个叫王胄的大臣很不知趣，一心想要自己的文采盖过隋炀帝。最终，他写出来的诗也的确比隋炀帝的诗更好，惹得隋炀帝非常不快。

后来，王胄因为参与叛乱被隋炀帝杀了。临刑前，隋炀帝居然还问王胄："你还能做出'庭草无人随意绿'的诗句吗？"这句诗正是当初在诗友会上，王胄盖过隋炀帝的那首诗。也许王胄做梦也没想到，因为一时的争强好胜，竟然让隋炀帝记恨了这么多年。而且，就在王胄被杀前的两年，号称隋朝写诗最好的薛道衡也被隋炀帝赐死了。

虽然我们现代人的社交圈里，几乎不会再有像隋炀帝这样掌握生杀予夺的人，但却不乏一些能影响我们学业、事业、前途的人。照顾好这些人的面子，在他们面前学会适时地退让、示弱，做个"识时务"的"俊杰"也是非常重要的处世方法。

社交场合中，我们难免会遇到意想不到的尴尬，或是一时不在状态而办出糗事，让人觉得丢脸、"掉价"。这时，如果有人能主动站出来为我们打个圆场，解解围，帮我们保住面子，那我们肯定会对这个人心存感激，甚至一辈子都记得他的好，总想找机会回报对方。从这一点来看，主动给人面子则是更高级的处世智慧。

有一年，一位国内非常有名的大龄女影星在一场新闻发布会上就陷入了尴尬的境地。一位记者就之前她在网上发布的过于年轻化的装扮而追问她的年龄。

记者问道："坊间传闻您的年龄一直都是个谜，有人说您56岁还把自己打扮得跟小姑娘一样，所以，能不能告诉大家，您到底多大？"这位影星此时还保持着风度，回复道："关于我的年龄，有很多个版本在流传，但没有一个是对的。有人说我52岁，但我本人绝对比这个岁数还小。"

记者没有得到确切答案，依然不依不饶，言辞更加激烈，追问她的生肖是什么，想以此来推断她的年龄。影星为此非常不快，但又不好当着众多媒体发作，场面一度非常尴尬。

见此情景，陪同影星一起在现场的一位文化名人风趣地替这位影星圆了场："如果她属蛇，就和我前妻一样大（他的前妻也是一位以美貌而闻名的女演员）；如果她属马，就和林青霞小姐一样大，都是大美女。"此言一出，现场的人都乐了，那位之前一直紧追不放的记者此时觉得再逼问下去只会自讨没趣，也就闭上了嘴巴，之前非常尴尬的现场气氛一扫而空。

这位文化名人在关键时刻为女影星打圆场，不但维护了女影星在公众面前的良好形象，保全了她的面子，而且也展示了他本人幽默风趣的绅士风度，同时也活跃了现场的气氛，赢得现场所有人的好感，可谓一举多得。

他的绅士做法正应了一句老话："智者善于替人解围，愚者遇事避而远之。"意思是有智慧的人能够及时捕捉到他人的需要，不失时机地为他人解围，从而获得更多友谊。而愚笨的人会对那些和自己无关的事采取避而远之的态度，认为“多一事不如少一事，少管闲事没是非”。这样做固然会让自己落得个清静，但也因此使自己陷于孤立之中。当这类人陷入困境时，也很少有人愿意替他说话、为他办事。

所以，在现实生活中，我们应该多向有智慧的人学习——学会让别人有面子。多给别人一次面子，就可能会使我们多一个朋友；而伤人面子一次，就可能让我们多一个敌人。

人人都爱面子，推己及人，我们在爱面子的同时也要给足别人面子。给别人面子，其实质就是对别人自我价值和人格的尊重，会让别人更喜欢与你交往。这样一来，我们就可以不必付出过多代价，让自己在人际关系中如鱼得水。

有人觉得给他人面子、维护他人尊严可能是一件比较考验处世能力的事情，得是情商高的人才能做得出来。其实不然，一个人只要愿意与人为善，愿意照顾他人的感受、维护他人的尊严，那么在日常交往中，他们在举手投足间都会给别人面子。

比如，当和人面对面沟通时，他们会出于礼貌和尊重，认真地倾听对方的谈话，不会无故打断。他们在倾听时会根据对方说话的内容给出恰当的反馈。比如用“嗯”“对”“是”等简单的言语回应对方，或是点头表示同意，或是发自内心地恭维几句，他们绝不会漫不经心地敷衍讲话的人。

明代大文学家解缙有一次陪明太祖朱元璋在河边钓鱼。两个人在河边守了整整一上午却没有钓到一条鱼，朱元璋有点恼火，便让解缙写首诗来记录一下这个事，顺便解解闷。

枯坐一上午，一条鱼没钓到已然非常扫兴，还要为这事写首诗，这明显是皇帝在难为人啊！但这可难不倒解缙，毕竟人家七岁时就能写文章了。

果然，解缙稍加思索便信口吟道："数尺纶丝入水中，金钩抛去永无踪，凡鱼不敢朝天子，万岁君王只钩龙。"才思敏捷的解才子果然不同凡人，明明是让人很沮丧的事情，经他的诗文一说，便让朱元璋龙颜大悦。要知道，朱元璋因为出身卑微，登上皇位以后特别在意自己的身份。解缙的诗文投其所好，正说到了他的心坎上。

有些比较清高的人可能会认为解缙的这种做法就是奉承讨好、溜须拍马。其实，真正的奉承讨好、溜须拍马是为了谋取私利，而无伤大雅的恭维是为了营造良好的交往氛围，是一种变通、有弹性的交际策略。

在社交场合给人面子，还要注意批评或是建议的话要委婉地说出来。当我们要指出一个人说话或做事有问题的时候，当我们要给别人提建议的时候，都意味着是在否定对方原来的想法和做法并迫使他做出改变，这会让人很没面子。这种情况下，如果我们从尊重对方的感受出发，把批评或建议的话说得委婉些，对方会更容易接受。

以雄才大略而闻名史册的汉武帝曾一度醉心于长生不老术，大臣东方朔多次劝解都没有效果。

有一次，汉武帝对东方朔慨叹："相书上说一个人的'人中’越长，他的寿命也就越长，还说‘人中’长一寸能活100岁。这是真的吗？”

听了汉武帝这番话，东方朔知道皇上又在做长生不老的大梦了，不由得偷偷笑起来。

汉武帝见了很不高兴，怒道：“东方朔，你是在笑话我吗？”

东方朔连忙跪地恭敬地答道：“臣怎么胆敢笑话皇上呢？臣只是在笑彭祖（传说中最长寿的人）。”

汉武帝问：“你笑他什么？”

东方朔说：“皇上您想啊，据说彭祖活了800岁，按您刚才提到的那个相书上说的，那彭祖的‘人中’岂不有8寸长？要是这样，彭祖的脸就得有一丈长了，这就太好笑了。”

汉武帝听了也不由得大笑起来。此后，他便很少再研究相术、长生术了。

汉武帝沉迷长生之术，荒废朝政，东方朔之前多次劝谏无果，这一次，他换了一种委婉、含蓄的规劝方式。东方朔表面是笑彭祖长得滑稽，实际是在讽刺那些相术、长生术都是无稽之谈，希望以此点醒汉武帝。汉武帝对此也是心知肚明，东方朔不但用心良苦地劝谏他好好打理朝政，还保全了他的面子，他的内心应该是感激的，所以很快便改掉了自己的毛病。

现实生活中，我们也应该向东方朔学习。他的这一做法从表面上看只是一种委婉的话术而已，但实际上却是人情世故中的大智慧。

给人面子还在于，当我们为别人提供帮助时，要保护好对方的自尊心，不要摆出一副高高在上、居高临下地施舍对方的姿态。

几年前，广西一位姓杨的支教老师，在学生中创办了一所特别的“超市”，引发了媒体的热议。

在杨老师开办的“超市”中，里面的“商品”都是外地捐赠的物资。学生们如果需要这些物资，就要通过劳动去赚“钱”，再用这些“钱”去“购买”或租借“超市”里的物资。而那些“钱”也是杨老师制作的一种特殊“钞票”。孩子们可以通过打扫教室卫生、修理桌椅等劳动到杨老师那里换取“钞票”，然后再拿着这些特殊的“钞票”去特别的“超市”里“消费”。

杨老师的创新做法受到了社会的关注和好评，认为这种方式既避免了因为捐赠物资分配不均引发的问题，也培养了学生们爱劳动的好习惯。更重要的是，这种方式让学生们觉得，捐赠的物资是他们靠自己付出的劳动得来的，不再像过去那样，觉得是由别人施舍给他们的。孩子们的自尊水平得到了提高，也更加珍惜这些物资，更加尊重他人的劳动成果。这对学生来说是非常有教育意义的。

给别人面子，其实都藏在一些人际交往的细节中。比如，第一次见面就认真询问对方的名字，并牢牢记住。这不仅仅展示你的礼貌和修养，更重要的是，还会让对方有一种被关注、被尊重的感觉。相反，如果忘记或是说错别人的名字，会让对方感到被忽略、被轻视，就容易对你产生坏印象。

给别人面子，还体现在虚心向别人求教。当我们虚心向对方请教问题时，就能在一定程度上满足对方“好为人师”的优越感，会让对方非常有面子。另外，恰当地、发自内心地赞美别人，让被赞美的人听了之后心情舒畅、如沐春风，觉得自己是个有能力、有魅力的人，这也是给人面子的高明做法。

给人面子的方法千千万万，只要我们做个有心人，只要我们发自内心地欣赏他人、尊重他人，我们就可以给足别人面子，同时也让自己更有面子。

缺少谦虚就是缺少见识

“如果你要得到仇人，就表现得比你的朋友优越吧。”这是一位深谙处世之道的哲学家对世人的劝诫。他说得很有道理。在我们每个人的内心深处，似乎都抱有一个“我是很重要的人”的想法。在这个想法的驱使下，我们都希望自己成为一个光芒四射的人，被更多人关注。

而如果此时你身边有个人带着满满的优越感，总是在炫耀他自己，并处处碾压你，凌驾在你之上，让你觉得他的光芒远远地超过了你，在他面前，你只会感到自卑、不悦，甚至是妒火中烧。那么，你会愿意和这样的人做朋友吗？恐怕没有多少人会愿意吧！更多的人可能是更想远离这类人，而且越远越好。

这是因为这类人的眼中没有朋友，只有他自己。他们当中的很多人因为虚荣心作祟，喜欢在人群中逞强。只要一有机会，他们便会抓紧时间自我表现，不会在乎别人的心境和情绪，甚至还会在对方遭遇不幸、情绪低落的时候往伤口撒盐，显摆自己如何如何幸运。

周六上午，安找到朋友兼同事的莉诉说痛苦遭遇。

原来，安为了有更多时间和男朋友相处，在两个月前辞掉了在老家的工作，来到男朋友所在的城市，和男友正式同居。两个月下来，安没想到男友居然有家暴倾向。算上昨天晚上，男友已然是第三次和她动粗了，还把她的胳膊扭伤了。

安又恐惧又伤心又绝望。她想到了在新单位里认识了两个月的同事莉。莉是个性格豪爽的女孩，除了爱表现优越感之外，安觉得莉身上的好多优点都是自己要学习的。所以两个人很快成了无话不说的朋友。

安在咖啡店里和莉讲述了自己两个月来的遭遇。莉一开始还能仔细询问安的伤情，问安要不要去医院检查，同时还安慰、开导安。

但是，说着说着，莉的劝慰就变了味。她开始自顾自地秀起了她和男友的恩爱，像过电影一样把她和男友相处三年的点滴美好说给安听，还把手上的戒指拿到安的眼前，那是她男友不久前送她的订婚戒指。滔滔不绝的莉根本不顾及安在此时此刻听得多么难受。最后，莉还不忘数落安：“你呀，就是太天真。大学四年也没好好审核审核你男友的人品吗？和我比，你可差远了……”

心情本来就低落到冰点的安，实在受不了莉这种高高在上的优越感，便找了个借口结束了谈话。她也由此决定，以后无论自己糟糕到什么程度都绝不会再找莉了。

故事中的莉也许没有什么坏心思，但情商太低却是不争的事实。她一心沉浸在自己的优越感中，丝毫不理解安的处境和感受，还在安的面前秀恩爱。这样的人不但冷漠而且非常自私，没有朋友也是情理中的事。

所以，如果不想像故事中的莉一样没朋友，我们就要多一些谦虚，少一些锋芒。有人说："缺少谦虚就是缺少见识。"要知道，一个人再优秀，也会有自己的短处，正所谓"天外有天，人外有人"。真正强大的人从来不炫耀自己，而是对人、对事抱有着充分的尊重和谦逊。

在朋友面前炫耀优越感可能会让他们没面子，同样的，轻易地否定、指责朋友也会伤害他们的尊严。虽说有一位可以直言相劝的朋友会让人进步更快，但从心底里说，任何人都不愿意被否定。

"你这样做不对。"当我们对朋友说出这句话时，意味着我们是在告诉他："我才是对的，我比你更聪明。"这其实是对朋友尊严的一种挑战，你否定了他的智慧和判断力，打击了他的自尊心，还伤害了他的感情。这样做的后果就是：他不但不会改变自己的观点，还要对你进行反击。在你还没有证明朋友的错误之前，他已经准备好要向你"宣战"了。

小张活泼、开朗、热心肠，性格有点像男孩子。按说她这样的性格应该有不少朋友。但事实上，她身边能说得来的朋友只有少得可怜的两位，而且都比她年长很多，是那种很有包容性的女性朋友。原因就在于，小张在与人沟通时有个小毛病，就是喜欢把“你说的不对”挂在嘴边。

和她多接触几次，你就会发现，“你说的不对”是她的口头禅。多数时候她并不是真的要否定对方，甚至是当她赞同对方的说法，要接着对方的思路继续说下去之前，也会加上这句话“你说的不对，事情其实是这样的……”，然后再顺着对方的话说下去。

有好几次，当她这样说的时候，惹得对方很生气，对方反驳她：“你说的这些不就是我刚才说过的吗？有什么不对？！”小张又再次否定对方：“哎呀，不是你说的这样……”时间一长，很少有人能抵得住她的一次次“你说的不对”，都对她敬而远之。

一位著名的心理学家说：“有益的批评是为了使世界变得美好，无益的批评是为了让自己感觉更好。但它只会让你暂时感觉良好，却会使你长期恶化。”小张的例子告诉我们：无论是朋友还是同事，如果你想获得好的人际关系，就一定不要轻易否定他人，表现得比别人更聪明。当你强调自己是“对的”的时候，你将失去更重要东西——朋友、同事以及上司的好感。

不要在朋友面前炫优越感，不要轻易否定、指责朋友，因为人人都有虚荣心、自尊心。人类在骨子里都有一个习惯——只要置身人群就会发生比较，和朋友比较、和仇人比较，这是人类的天性。当你的言行让对方觉得你不如他时，他的虚荣心就会被满足，他的自尊心也得到了保护，他的幸福感也由此而增加。相反，如果他觉得不如你，他的自卑感就会加强，严重自卑的人就会因此而远离你。

当我们在朋友面前能够掩藏起自己的锋芒，适当地让朋友有更多的展示自我的机会，我们不仅不会失去自己的优势，还会收获更多的人气，让我们的实力倍增。

放下面子，才会更有面子

生活和工作中，我们难免会碰到一些令人尴尬的人或事，让我们丢面子、伤自尊。比如，被对方以势压人地奚落，被当众揭短，被上司批评……遇到这些情况，我们应该怎样回应才能更好地维护自己的面子呢？方法也不少，具体还要视情况而定，也要因人而异。但有一种方法似乎比较妥帖，那就是聪明的忍让，因为宽宏大度要比斤斤计较更容易赢得别人的尊重。关于这一点，早有清代的大学士给我们做出了榜样。

清代康熙年间，有一位大学士叫张英。他的老家在桐城，府邸和一位姓吴的名门望族相邻。

有一次，这位姓吴的邻居想扩建房子，要侵占张英家的一块空地。张英的家人不同意，双方就闹到了县衙。因为张、吴两家都很有势力，县官犯了难，他谁都不敢得罪，案子就被一直拖着。

张英的家人觉得身为大学士的家属，居然这样被欺负，觉得非常屈辱、非常丢脸，于是写信给在京城的张英告状。张英看信之后写了一首诗："千里家书只为墙，让他三尺又何妨。万里长城今犹在，不见当年秦始皇。"意思是，千里之外写信给我却只是为了一堵墙，退让他三尺又能怎么样呢？你们看那万里长城如今还健在，但是当初修筑长城的秦始皇却早已不在了。

张家人收到诗后，豁然开朗，就按张英说的那样让出了三尺的空地。吴姓的邻居见张家人这样宽宏大量，又感动又惭愧，也让出了三尺空地。于是，两个府邸之间便有了一条六尺宽的巷道。后人就把这条巷子称为"六尺巷"，一时传为佳话。

张英作为当朝大学士，其家人竟被邻居侵占宅院，这在一般人看来可能是一件非常丢脸的事情。如果张英以势压人，给家里的县官写封信，让他偏袒一下自己的家人，说不定就可以把面子争回来。但张英却选择了"退一步海阔天空"，为家人、为自己赢得了很好的结局。他的故事告诉我们：当我们在与人产生矛盾时，与其斤斤计较，死要面子，不如适度地作出让步。这非但不丢面子，反而有可能会因为宽宏大度而使对方更加尊重我们。

当然，我们做出退让绝不是因为懦弱、害怕，而是想收获更多，比如对方的友谊、他人的尊重。所以，学会聪明的退让是获得尊重、赢回面子的大智慧。

另外，实际生活中，一个人之所以总是被人伤面子，很多时候可能是因为实力不济导致的。因为人微言轻，所以人们不会太顾及他的感受和颜面。试想，如果一个人的实力足够强大，别人仰望、崇拜还来不及，怎么会小看他呢？

入职两年的小刘对自己现在的工作感到非常失望，不但薪水低，同事和老板也总爱打压和欺负他。有好几次，老板当着好几个同事的面批评小刘工作做得不好，一点脸面都不给他留，让小刘真想拍桌子走人。

有一段时间，小刘偷偷投了简历给几家公司，也面试了几次，但结果都不是很理想。小刘开始冷静下来思考自身的问题，他发现：以自己目前的能力和水平，很难找到更好的职位，拿到更高的薪水。

想明白了的小刘开始发奋努力，决心先把公司的业务都搞懂，搞精通，然后再理直气壮地辞职。之后的时间里，小刘开始认真钻研业务，不懂就去问同事、查资料，还报了业余职业培训班，不断提升自我。

慢慢地，小刘的工作越来越顺手，同事们对他的认可也越来越多，老板也渐渐把一些重要的任务交给他来做，而且最近还给他涨了工资。他觉得似乎在不远的将来，自己甚至可以应聘部门的副主管了。

小刘的例子说明，当我们因为实力不足，或是努力不够时，与其抱怨别人不给我们面子，不如变“生气”为“争气”，好好努力提升自己，用能力和水平争回脸面。所谓“翻脸不如翻身”，面对别人的侮辱时，一个有志气的人会努力把愤怒和仇恨化为勤奋的动力，激发自己不断努力，直至自己成为一个实力强大的人。而一味生气，甚至为此和对方翻脸，最终可能会换来更大的羞辱。

不论是大学士张英还是打工人小刘，他们的故事都在告诉我们：要赢得面子，就要先放下面子。一个真正体面、活得通透自如的人，不会为了面子与人斤斤计较，更不会为了面子去和他人发生冲突。和面子相比，我们的“里子”，也就是我们的人品、实力，其实更值钱，更能赢得他人的尊重。所以，与其争面子，不如放下面子，赢回“里子”。正如作家亦舒所说的：“面子是一个人最难放下的，又是最没用的东西。当你越是在意它，它就会越发沉重，越发让你寸步难行。”

打人不打脸，骂人不揭短

“打人不打脸，骂人不揭短”，这句俗语劝诫我们说话做事要留有三分余地，即便是骂人，也不能当众揭人家短处或是隐私，使人下不了台。这是一种极其不厚道的行为，令人不齿，也会彻底激化与对方矛盾，造成更大的冲突。

所谓“打人不打脸”，是说两个人发生争执甚至是肢体冲突，可能还不是最坏的情况，最坏的是如果有一方一时冲动，动手打了对方的脸，那事情可就不好收场了。哪怕你只是开玩笑，拍了拍对方的脸，也容易被看作是一种无礼的挑衅行为，很可能激起对方的激烈反击。因为脸是最能代表一个人尊严的部位，打人家的脸就意味着在践踏对方的尊严，侮辱对方的人格，这是任何一个人都不能容忍的。

那么，“骂人不揭短”又是什么意思呢？这里所说的“短”，也就是我们常说的“短处”，指代一个人在身体上、心理上的缺陷、残疾，也指过去犯过的错误。这些“短处”往往是当事人无法改善或是无法控制的，它们常常让当事人感到丢人、羞耻，而被隐藏在内心深处，讳莫如深。一旦这样的“短处”被人在公共场合提起，甚至是用来羞辱当事人，就如同把人家的伤疤重新揭开，不但疼痛，更容易引发对方的愤怒和仇恨。所以，“揭短”也和“打脸”一样，是最伤人自尊的。人际交往中，如果我们不注意这一点，就容易踏进雷区，伤人害己。

那么，那些喜欢揭人短处的人又是出于什么样的心理，非要踩这个雷区呢？一般来说，揭人短处的人往往是在与对方口角时，为了压制对方，取得精神上的胜利而使用的最后一招。例如，激烈争吵中的两个人，高个子对矮个子的人说：“瞧瞧你的小身板，还敢和我斗？赶紧回家再吃两年钙片吧！”这样的说话方式不但看出揭短者的心胸狭隘，更暴露了其人品的低劣。

东汉末年时期，刘璋手下有个谋士，名叫张裕，他智力超卓，却为人刻薄，经常说些嘲讽他人的语言。

那时，刘备刚刚入蜀，张裕见到刘备胡子稀少，便嘲笑刘备少了男子气概。刘备虽然宽厚，但是心中对此十分介意。

此后，张裕又几次讽刺刘备的胡子，并给他起了外号“露涿君”。露涿（谐音啄，嘴的意思）君就是胡子少的意思。后来刘备入住蜀中，张裕口无遮拦的毛病却一点儿没有改变，仍然几次三番开刘备的玩笑。最终惹来大祸，被刘备借机杀掉了。

对他人的耻辱、过失、不足，都要少说，对那些有失体面的事，也是知道的人越少越好。

有些话一旦说出来就不可挽回。揭人之短更胜利器伤人。因为刀伤易好，恶语难消。生活中，谁都有自己的“逆鳞”和软肋，也许一句无关痛痒的话，却让人戳心不已。言多则必失，语急则伤人，君子当三缄其口。成熟的人，明白说话的分寸，了解退让的时机。

故意揭人短处的行为是我们要极力避免的，同时还要注意：在公众场合要尽量慎言少语，防止言多必失。因为有时候“揭短”是无意的，可能一不留神说出来的一句话正好就犯了别人的忌讳，戳中了别人的痛点，被对方嫉恨在心，日后暗中对你使绊子，甚至你吃了暗亏还不知道是怎么回事。

午饭时间，小李、小王和几个同事围着餐桌边吃边聊。无意中，小李抱怨早上坐地铁的时候被一个背着大包的人刮了手臂，差点把手链刮断了。

旁边的小王想也没想就接道：“这种大包小包的肯定是外地人。最烦这种人，走到哪都跟个蜗牛一样，恨不能把所有家当都背在身上，自己不嫌麻烦也就算了，还不考虑别人……”

小王的话还没说完，小李就发现坐在她们旁边的上司脸色极为难看，还向她们这边斜眼瞟了一下。小李感觉不妙，赶紧在桌子底下轻轻踢了小王一脚，提醒她不要再说话。小王虽然有点懵，但还是住了口。

没过一会儿，主管吃完饭一言不发地走了。同桌吃饭的其他同事不约而同地看着小李和小王，尴尬地笑起来。其中一位同事提醒小王："你是新来的，以后说话要注意。歧视外地人非要说出来吗？咱们的陈总就是外地人呀，你刚才那样说，不是招她恨你吗？"

小王听完冒出了一身冷汗。

小王的例子可以给所有身在职场中的人好好上一课。她无意当中说出来的明显带有歧视和贬损的话，看似没有针对在场的任何人，却在她不知情的时候狠狠地得罪了自己的顶头上司。从上司当时的反应来看，对方也并不是一个宽宏大度的人，所以小王在日后的工作会不会受到排挤也未可知。

说话揭人短处是一种非常阴损的、低情商行为。虽然揭了别人的老底，让对方没面子，可能会使揭短的人暂时在精神和心理上占据一定优势，但是在周围人的眼中，这样的行径是非常拙劣的，他们多半会对这种人避而远之。这样一来，揭人短处的人实际上就败光了自己的人缘。被后世称为"千古第一完人"的曾国藩说过："揭人之短，念人旧恶，责人之过，世人多败于此。"说的就是这个道理。

真正有涵养的人即便是要打击对手，也会使用光明正大的手段。那种揪着别人隐私和伤疤不放的行为，是狭隘自私的表现。尺有所短，寸有所长，我们每个人都有长处也都有短处。聪明人往往善于择善弃恶，尽量忽略对方的缺点和错误，而善于发现对方的优点，多夸别人的长处，通过学习别人的长处来弥补自己的不足。那种抓着别人痛处和缺点大做文章的人往往是问题最多、最不受欢迎的人。

与人交往是一门大学问，要想与他人友好相处，我们要学会体谅他人，维护他人的尊严和人格，千万不要揭人之短！

倾听是最基本的尊重

“所谓说话之道，就是懂得把别人放在心上”，这是著名主持人蔡康永的一句至理名言。其实，如果我们能够做到在沟通时认真倾听对方，不随便打断对方，也不妄加评判，这同样是把对方放在心上。倾听，会让对方感受到极大的尊重，会觉得十分有面子。

也许有人会说：“认真倾听啊，这个很容易做到啊。只要有一双健全的耳朵就可以倾听。”实际上，这并不是倾听，而仅仅是“听见”。听见可以很随意，可以吹着口哨漫不经心地听。但这种态度对说话的人来说可能意味着极大的不尊重，甚至可以说是一种蔑视和侮辱。

而倾听则是带着理解、共情，带着深切关注对方的态度去听。被倾听的对象会被这样的态度打动和温暖，觉得自己是个非常重要的人，生起满满的自信心和自尊心，同时也会对你给予的尊重心存莫大的感激。有人甚至认为倾听可以改变命运。

一个七岁的小姑娘本来一直是和爸妈分床睡的。但最近几天却哭闹着非要和爸妈睡，她说身后有“鬼”跟着她。父母以为小孩子在胡闹，便安慰她，坚持让她独自睡。

但小姑娘仍然吵个不停，甚至发脾气。爸爸觉察出了异样，便耐心地问女儿：“宝贝，你和爸爸说说，跟在你身后的鬼是什么样子的？我还从来没见过鬼呢。”

“他穿黑色的衣服，戴着帽子，这几天放学一直跟在我后面，但是每次我回头看他，他就不见了。”听了女儿的话，爸爸感到事情似乎不简单。

接下来的两天，他在放学路上远远地跟着女儿。果然，他看到有一个穿黑衣服的人在跟踪女儿。这位爸爸立即报了警。后来，爸爸从警察那里得知，跟踪自己女儿的那个人是人贩子，已拐走了好几个小孩。

爸爸在关键时刻认真倾听了女儿的话，阻止了可能发生的悲剧，改变了女儿的命运。当然，倾听的意义更多时候在于促进沟通、建立关系。我们每个人都有倾诉的欲望，如果有人愿意做一个耐心的、有涵养的好听众，他就能成为一个备受欢迎的人。

认真倾听是关心他人的表现，而被人关心会让一个人觉得自己很重要，很有面子。认真倾听的人会根据对方说话的内容作出恰当的反应。比如，当对方说的是一件很有趣的事情时，听者应给予会心的微笑；当对方在阐明自己的观点时，听者应该适度点头表示赞同或是凝神细听，用表情表明自己的疑惑……恰当地回馈会让对方感受到被尊重，而漫不经心地敷衍则有可能招致对方的怨恨，败坏自己的人缘。

当然，一个好的倾听者还要注意：在听别人讲话时，不要打断对方，让对方把话说完，这是倾听者首先要做到的。

我们可能都有这样的体验：当我们正在兴致勃勃地和周围人分享自己的话题时，突然有人打断了你的话，说："哦，你说的这个，我上个月就听说了。"或者有人打断你的话把听众的注意力吸引到另外一个话题上，把本来谈兴正浓的你晾在一边。那一刻，你会有什么感受呢？尴尬？没面子？怨恨？当时的感受一定很复杂吧。

正所谓"己所不欲，勿施于人"，如果我们自己不想被这样对待，那么我们首先就不要这样对待别人。随意打断别人的谈话是对他人极大的伤害和不尊重，这种行为也会被看成是一种非常没礼貌、没教养的表现。

李总最近在装修办公室，很想安装一套智能防盗系统，朋友们给他推荐了好几款不错的产品。这一天，一款产品的推销员过来和李总见面。

听完推销员的产品介绍，李总感觉还不错，开心地说道："听了你的介绍，感觉你们公司的这个产品挺不错的。但是，前两天刚刚有朋友给我推荐了一款差不多的产品，叫××……"

"啊，是××公司啊。"推销员不等李总把话说完就插话进来，"这个我比较了解。他们家的设备是很不错，但您选的这一款有个缺点……"

好不容易等推销员说完，李总的耐心也所剩不多。但他还是礼貌性地回复道："嗯，你们家的产品的确不错，但我还是决定选朋友推荐的，我们以后再合作吧。"

看着推销员悻悻地离开，李总不禁在心里慨叹："哎！这个不懂礼貌的人呐！我本来是想和他好好杀杀价，如果价格满意，我是可以考虑他家的产品的。谁让他那么粗暴地打断我的话，还贬低竞争对手呢。所以，我宁愿选择别家产品也不愿意和这种人打交道。"

显而易见，这位推销员在和客户沟通时犯了一个大忌——没有听对方把话说完，就随意打断、插话，这会让客户觉得自己的想法没有被尊重和理解，很没面子。既然这位推销员不尊重客户在先，他又怎么能指望赢得客户的信任和尊重呢？

还有更糟糕的影响是，如果你的朋友在酒会上正在与别人谈一个可能达成的合作，你若贸然加入，可能会打乱他们的思路，导致双方失去合作的机会，他们一定会对你有很大意见。这样，你会留给别人什么样的印象就可想而知了。正如一位哲人所说："打断别人，乱插话的人，甚至比发言冗长者更令人讨厌。"想必，这位哲人可能切身体验过这种可恶的行径，才会如此深恶痛绝吧。

一位成功学大师曾说："一双灵巧的耳朵胜过十张能说会道的嘴巴。"这句话道出了倾听的重要性。在自己说话的时候，能有几个认真的听众在倾听，这对任何人来说都是一件十分愉快、开心的事情。所以，要想与人建立友好的关系，我们首先要做个好的倾听者，让对方可以自由地讲话。每个人有两只耳朵一个嘴巴，就是要让我们少说多听。善于倾听是一个人成熟的标志。当我们在倾听中领会对方的想法时，沉默便胜过千言万语。

认真的倾听，恰当的回馈，不贸然打断对方，如果我们能够做到这些，我们就掌握了沟通的艺术，就能成为一个受人欢迎、被人喜爱的人。

第七章

计较生是非：有度量，才有能量

有人说："人生的高度不是你看清了多少事，而是你看'轻'了多少事。"能够看轻才能够放下。喜欢斤斤计较的人，往往盯着自己没得到的东西，永远不满足，永远有缺憾。他们的欲望就像失控的车子，只知道一味地向前冲。

而内心富足的人往往计较得少。他们不会得理不饶人，也不会过度追求完美而难为自己。不论是在生活中还是在职场上，他们都能怀抱一颗宽容之心对待身边的人和事，知进退、懂取舍。这样的人，因为计较得少，所以常常有快乐相伴。

处世让一步为高，待人宽一分是福

在日常生活和工作中，我们经常看到有些人在与人发生冲突时，因为自己是占理的一方，便得理不饶人、咄咄逼人，以为这样才能让对方心服口服。殊不知，这样做有时反而会加剧矛盾的升级。而且，得理不饶人虽然逞了口舌之快，却往往因为逼人太甚而输了做人的格局。

事实上，"理直气和"比"理直气壮"更能打动人。就算对方有错，我们也大可不必以理压人。如果一个人自恃有理便处处计较，把事做绝，就容易招致怨恨。聪明人都懂得为人处世要留一线，宽恕别人就是善待自己。正如处世奇书《菜根谭》中所说的那样："处世让一步为高""待人宽一分是福"。

话说，宋代的大文豪苏东坡在杭州任知府的时候，有一天，属下把一个偷税的人押送到他面前。苏东坡在审案的时候发现，这个罪犯是一位要进京赶考的书生，叫吴味道。和他一起押过来的还有两个非常大的包裹，包裹上居然还有假冒苏东坡名义写的批条。

细问之下，苏东坡才得知吴味道因为没有进京赶考的路费，乡邻们就凑银子帮他，没有银子就捐棉纱。吴味道十分感激乡亲们，带着银子和棉纱上路了。他打算把棉纱带到京城卖了换成银子。

吴味道知道贩运棉纱得交税。但又想到如果每个关卡都纳税，那棉纱就换不了多少银子了。无奈之下，他就想出了一个馊主意：假冒苏东坡的名义往京都送东西，以此来避税。结果万万没想到，他刚到杭州就被抓了，而办案的又恰恰是苏东坡本人。吴味道绝望地想：这下可完了，不要说进京赶考，小命能不能保得住都难说了。

但出乎他意料的是，苏东坡不但没有责罚他，反而高价买下了他的棉纱，让他赶紧带着银子继续上路赶考。苏东坡还给弟弟苏辙写了一封信，让吴味道转交，并将吴味道引荐给苏辙。

第二年，吴味道考中了进士，他专程去杭州拜访苏轼表达感激之情。苏东坡因此又多了一个有才华又十分贤达的朋友。

面对素不相识却假冒自己名义谋私利，同时又偷税的吴味道，如果苏东坡要严惩他，于情于理都是站得住脚的。但是，苏东坡还是选择宽容对待这个穷困的书生。他不但没有惩罚吴味道，还在自己的能力范围内为吴味道创造便利条件，帮他顺利赶考。也正因为苏东坡的善举，吴味道的命运得以改写，苏东坡也多了一个好朋友。所以有人说，苏东坡真是一位宅心仁厚的父母官。

有理也会让三分的人往往都是心地善良的人，即便自己被不占理的一方损害了利益，但依然心存美好，能站在对方的角度将心比心，体谅对方的不容易。这样多一些宽容，少一些计较，自己也能收获发自内心的平和与宁静。

相传有位修行很高的禅师，生活非常简朴，甚至连衣服都只有一件。有一天夜里，一个盗贼光顾了禅师的住处，却没有找到一件值钱的物件。

这时，禅师从外面回来，碰巧撞见了盗贼。禅师先是默默地把自己的上衣脱了下来，整理好之后双手递到盗贼面前，说："很抱歉，我这里没什么值钱的东西，但你辛苦来一趟，不能让你空手回去，请你把我的这件衣服拿走吧。"

盗贼行窃多年，从未遇到过这样的事情，他一时不知所措，接过衣服便跑掉了。

禅师便打着赤膊在月光下打坐，心里却在慨叹："以偷盗为生的可怜人啊，要是我能把这一轮明月也送给你就好了。”

第二天，禅师清早出门时，发现他的衣服被叠得整整齐齐地放在了门槛上。

禅师十分高兴，自言自语道：“他终于收到了一轮明月！”

禅师的善良之举感化了盗贼，令他悔过，犹如澄澈的月光涤荡出了人格的芬芳。而禅师也因此在自己的修行之路上又精进了一步，积累了更加丰厚的福报。

在生活和工作中，我们待人处事固然应该讲理，但绝对不要“得理不饶人”。那种自恃有理便得理不饶人的态度，虽然可以让我们在气势上压倒对方，但也埋下了危机的种子。相反，留一点余地给得罪你的人，不但不会让我们吃亏，还有可能收获意想不到的惊喜和感动。

人生就是如此，当我们给别人方便时，其实就是在给自己铺路。计较不如厚道，精明不如拙朴。厚道的人，路总会越走越宽，越走越长。我们的老祖宗很久以前就非常推崇厚道行事，认为“行厚道”“积厚德”“养厚福”都是君子之风。有“厚德”作基础，一个人才能积累福报，才能承载得了金钱、权力、名望这些身外之物，正所谓“厚德载物”。

吃亏是在培养好运气

老一辈人常说“吃亏是福”，以此来劝诫晚辈做人做事不要斤斤计较。但是，现代的社会风气下，人们却往往认为为人精明能赚钱，甚至能占便宜、不劳而获才是有本事、有福气。而经常吃亏上当往往被认为是丢人的、可耻的，是见不得人的，是没脑子的智力障碍者才会干的事。那么，事实真的是这样吗？

在苏州流传着这样一个故事。明朝时，苏州城里有位姓李的老爷子开了间当铺。有一年年关将近，店铺里来了个老头，非要把自己当的衣服拿走，却不还钱，结果和店伙计吵了起来。李翁了解情况后，先是训斥了伙计，又热情地招待老头，请他稍等片刻。没多久，李翁亲自把老头的衣服拿了出来，还温言软语地安慰老头，老头拿了衣服一声不吭地走了。

结果，就在当天下午，这个老头竟然死在了另一家店里。店家还被老头的家人控告，说他们逼死了老头。最后，店老板为了不影响生意，不得不花了一笔银子才平息此事。

一年后，人们才知道了事情的前因后果。原来，老头因为家穷，又负了一大笔债，年关的时候觉得走投无路，就服了慢性毒药，先是来到李翁店里寻事，想敲诈一笔，但李翁的忍让使得他无从下手，就赶紧在毒性发作之前选了另一家店来讹诈。

有人问李翁，是不是事先料到老头儿是来讹诈的，所以忍让他，才躲过了这场灾祸？李翁说：“我哪里会未卜先知！我只是觉得，一个正常人无理取闹，必然有所图谋。他当时不过是想要几件衣服，我就让他一步，没想到后来竟然有这样的事！”

故事中，在前来寻衅的老头面前，当铺老板李翁的确是吃了亏的。但纵观整个事件，我们能说李翁是智力障碍者吗？恰恰相反，李翁才是个真正聪明的人。当他大方地把衣服还给老头时，虽然看起来是吃了眼前亏，但却因此避免了和老头发生冲突，也因此躲过了可怕的人命官司。所谓“吃亏养福好运来”也不过如此吧。

处世经典《菜根谭》中有句话：“祸不可避，去杀机以为远祸之方而已。”意思是说，对于马上就要到来的灾祸，人们往往很难避开，但可以在平时种下避免灾祸的种子，而适当地吃一点小亏正是在播种避免灾祸、远离是非的种子。

吃亏可以避祸，也可以实实在在地带来好运气。东汉时，一位叫甄宇的太学博士，就是因为吃了一点小亏，却给自己带来了大大的好运。

有一次，皇上赏给每位大臣一只活羊，但因为这些羊的个头有大有小，有胖有瘦，负责分羊的人一时犯了难，不知怎么分。有的人出主意说，把羊都杀掉，按羊肉来分就容易多了；还有人主张可以抓阄，抓什么阄就领什么羊，全凭运气。一时间，分羊现场像开了锅，大家七嘴八舌说个不停。

就在这时，甄宇走了出来，说道：“分羊其实没有这么难吧？随便牵走一只就行了。”说完，他牵起最瘦的那只羊，潇潇洒洒地带回家吃肉去了。

众大臣见状都停止了讨论，纷纷效仿甄宇。这批羊很快就分完了，每个人都很高兴。后来，甄宇主动选瘦羊的事传到了光武帝那里，光武帝很欣赏甄宇的做法，还送了“瘦羊博士”的美称给他，以示赞许。不久，在众人的推举下，甄宇被皇上提拔为太学博士院院长。

甄宇甘愿牵走最瘦的小羊，不怕吃亏、敢于吃亏、主动吃亏，说明他平时也多半是个不计较蝇头小利的人，是个格局大、胸怀大的人。因为宽容大度，他也很容易赢得人们的尊重和爱戴，获得事业的成功。甄宇后来得到众人的推举，赢得皇上的器重，就说明了这一点。

他因牵瘦羊而吃亏，却提高了自己在众人面前，特别是在皇帝面前的“曝光度”，获得了光武帝的好感，之后便得以升职。可以说，像甄宇这样，吃点眼前亏并不是坏事。反倒是那种事事怕吃亏、处处想占便宜、脑门上顶着算盘、精于算计的人反而容易因小失大、一事无成。

“吃亏是福”还有一层意义在于，它虽然让我们遭受了损失，但也让我们更加珍惜手中所拥有的。许多人都是“吃一堑长一智”，吃过亏以后才参悟透了人生的真谛。这样来说，吃亏自然也是福气！

再退一步讲，世上没有免费的午餐，喜欢占便宜的人，每占一分便宜就会失去一分人格，每捞取一次好处就会丢掉一分尊严。而那些敢于吃亏的人，往往能赢得良好的人际关系，最终收获大大的回报。

眼界决定境界，格局决定结局

“天下熙熙皆为利来，天下攘攘皆为利往”，说的是普天之下，芸芸众生都在为利益而忙忙碌碌、往来奔波。每个人都希望在自己的生意中实现利益最大化，赚取更多。很多企业老板都会想方设法从员工身上压榨更多剩余价值，以增加自己的利润。但是，有人却反方向操作，比如李嘉诚。

李嘉诚17岁做推销员，在商界摸爬滚打了几十年。他在总结自己成功秘诀时，认为最关键的秘密之一是：如果自己拿七分利润合理，拿八分也可以，那么他就只拿六分利润，让别人多赚二分。

李嘉诚早期做塑料生意，有一家公司和他订购了一批塑料产品，运往国外销售。但是，当李嘉诚的公司将货物运到对方的指定地点，准备要取货款时，对方却因为一些原因取消了合同，并答应给李嘉诚一定补偿。

对方违约给李嘉诚的公司造成损失，李嘉诚收取对方赔偿也是天经地义的事情。但他经过认真思考后却拒绝了对方的补偿。他的想法是，这次违约并没有造成太大损失，考虑到双方以后可能还要合作，所以李嘉诚决定不收对方的赔偿金。

几年后，李嘉诚转型做塑料花生意，一家外国公司主动找上门来要与李嘉诚合作。李嘉诚后来才知道，这家外国公司不远万里找他做生意源于很久以前那家违约公司的极力推荐。

当初那家公司的负责人极力向外国公司推荐说：李嘉诚是一位十分值得信赖的合作伙伴。

后来，这家外国公司和李嘉诚合作了很多年，对他开拓海外市场起到了非常重要的作用。

在公司的日常事务中，李嘉诚也会经常教导他的儿子们：和别人做生意，如果自己能拿到七分、甚至八分利润，那么只拿六分就可以了，多留一点利益空间给合作的伙伴，有钱大家一起赚会更好。

曾经连续21年蝉联香港首富的李嘉诚做过无数笔生意，每次合作，他总是拿比自己应得少一点儿的利润，让合作伙伴多赚一点儿。因为他懂得做生意要互利互惠才能长久，双方是相辅相成的，不能只顾自己利益或损害对方的利益。让对方适当多拿一些，反而会给自己带来更多、更大的利益。正是因为有了这样的理念，李嘉诚打拼商场几十年，生意遍及全球，越做越大，越做越好。

李嘉诚的生意经看上去很简单，但是在贪心的驱使下，却很少有人能真正做得到。试想一下，天底下有几个人愿意舍弃已经到手的利润，反手让利给别人呢？这难道不是“蠢人”才会做的事吗？但是事实却是，那些非常精明的、特别想赚钱、想方设法占别人便宜的人，还真的很难赚到钱。

无独有偶，一位闻名海内外、修行很高的高僧也提出过“与人共有”的观点。在他看来，与人打交道，不要过于计较利害得失，要适当考虑他人的利益。不贪功、懂得利益共享、与人共有，是一种低调的保平安之道。

这位高僧还特别提醒身在职场中的人们：贪婪之心人皆有之，但是，与同事、领导打交道时，一定要遵从“君子爱财，取之有道”的原则——属于你的当仁不让；不属于你的一定不要强求。尤其是在功劳和业绩方面，一定不能把别人的功劳据为己有，否则，尝过独占利益的甜头之后也很快就会吃到同样的苦头。

李光地是清代知名大臣，康熙视他为知己，雍正把他当作偶像。雍正甚至将李光地入祀贤良祠，称其为“一代完人”。但是，就是这样一位历史留名的人物，却被梁启超称为“卑鄙小人”。

原来，李地光在年轻时曾犯过一个令人不齿的错误，此后被骂了几百年。

李光地有一位同事兼同乡，叫陈梦雷。有一年，两人同时回家乡福建省亲，不幸遭遇了福建靖南王耿精忠造反。造反期间，耿精忠多次找到李光地，想让他归顺自己，而李光地要么逃跑，要么直接拒绝。但是陈梦雷却因为运气太差，被迫投靠了耿精忠。

李光地拒绝耿精忠之后，还在福建收集战报，打听耿精忠的战略计划、作战路线、军粮位置，编成奏折呈给康熙。康熙因此十分赏识李光地，把他提拔为二品大臣。

康熙三十七年，民间流传一首诗，文采斐然，康熙非常欣赏，他派人去找作者，发现作者是一位被流放的罪犯。于是康熙免了他的罪，而这位罪犯便是陈梦雷。

陈梦雷回京后，第一时间便写下了《与李光地绝交书》，抨击李光地欺君负友、贪天之功。

原来，当年耿精忠造反时，陈梦雷被胁迫，只好假装归顺，私下里却秘密收集耿精忠的消息汇集成册，并交给李光地，请他上报朝廷。李光地把这些密报呈给了康熙，却只字不提陈梦雷。陈梦雷每次问起这件事，李光地都说："没有提到你，是因为害怕事情泄露威胁你的安全。"李光地以这样的谎言欺骗陈梦雷，私下将功劳独吞，这也导致陈梦雷蒙冤被流放。

被陈梦雷揭发后，李光地一时间成了人们茶余饭后的谈资和笑柄，一世英名毁在了自己的贪心上。

李光地怎么也没想到，自己辉煌一世，到了晚年却因为私吞朋友的功劳，把自己钉在了卖友求荣、背信弃义的耻辱柱上。他之所以有如此下场，是因为在多数人看来，将别人的功劳据为己有的举动是比盗窃还要令人不齿的行为。虽然每个人都渴望自己在人群中脱颖而出，但是要靠踏实的努力去换取。把别人的功劳据为己有，抹杀他人的努力和成果，不但是自私，更是在践踏他人的尊严，这在任何人那里都是不被容忍的。

李嘉诚、李光地两位古今人物从正反两面向我们证明：唯利是图、见利忘义是一种短视，这样的人常常会因为想得到更多而被一些"小恩小惠"蒙蔽了双眼，最终反而失去更多。商场做生意，职场做业务，如果仅盯着钱看、紧盯着利做，只会让人目光短浅，格局变小，很难走得更远。

虽然“趋利避害”是人的本能，但有格局的人对此会有更深层的认识，他们不会因为一时的利益之争让自己成为一毛不拔的铁公鸡，或人人避之唯恐不及的人。他们懂得让利于人、和别人共享利益，因此，他们在冥冥之中也会得到更多的利益。

水至清无鱼，人至察无徒

“水至清无鱼，人至察无徒”，意思是过于清澈的水里，鱼是无法生存的，同样，过度精明苛责、对别人过于严厉、喜欢揪着别人的小过错不放、不能容忍别人有一点闪失的人，是很难交到知心朋友的。“察”在这里指的是对人要求过高、不近人情；“徒”指的是朋友。“水至清无鱼，人至察无徒”这句话让人想起不久前发生的一则社会新闻。

一家动物园里新来了一位饲养员，他非常喜欢动物，每天都把动物们栖身的棚屋打扫得干干净净。

但是一段时间过后，人们发现这位饲养员管理区内的动物相继生病了，有的打不起精神，有的食量下降，甚至还有一只小海狸死掉了。

动物园的负责人赶紧请来动物专家查找原因。结果，动物专家给出的结论是：这些动物们生活的环境过于干净了，反而不利于它们的健康。

动物专家还解释说，每一种动物都有自己独特的生活习性。有些动物要看到自己的粪便才会有安全感，有的动物则喜欢在混浊的、有臊气味的空气中发呆、放松。如果环境过于洁净，反而会让这些动物感到焦躁不安，时间长了就会出现健康问题。

可以说，动物园的这位饲养员用实际行动生动演绎了什么是“水至清无鱼，人至察无徒”。动物是这样，人类又何尝不是如此呢？我们每个人都有各自不同的习惯，有好习惯，也有坏习惯。同样，我们每个人也都会犯这样那样的错误，这些都是无法避免的。正所谓“人非圣贤，孰能无过”，只要这些习惯、过失没有对自己和他人造成伤害或是大的影响，就可以忽略不计。

有人向孔子请教治国的策略时，孔子回答：“赦小过。”他建议国君要学会原谅别人的小过失，要给人改过迁善的机会，避免因为受到过重的责难而自暴自弃。现实生活中，那些真正能成大事的人往往都不会计较别人的小过错，有容人之量。这类人不仅有着良好的修养，更能善解人意，遇到问题能设身处地从对方的角度考虑问题，平和地处理问题。在他们看来，给那些犯了错的人一个改正的机会，不仅可以成全对方，同时也能为自己赢得更多的尊重。而那些喜欢揪住别人的小过失不放的人，则容易引发激烈的冲突，让自己众叛亲离。

西汉末年，刘秀有一次陪皇帝刘玄视察军营，看到一名将官因为违反了军规，被绑在辕门外的柱子上等候问斩。有很多将士过来请求刘玄赦免这位将官的死罪，刘玄一直不答应。这时，刘秀悄悄对刘玄说："陛下，我们用人，使功不如使过，与其就这样杀死他，不如让他带过立功。"刘玄沉思片刻，觉得刘秀说得非常有道理，于是赦免了这位将官的死罪。后来，这位将官果然在一场战役中骁勇克敌，立了大功。

相比皇帝刘玄，刘秀更有容人小过的气量。他知道，犯过错的人往往比有功傍身的人更愿意接受挑战。而且，给人改正错误的机会，这本身就是一种强大的激励，足以激发一个人的潜能，让他创造出惊人的成绩。尤其是当一个人因为犯错而遭遇歧视和冷落之后，他们最渴望的就是尽快恢复自己的尊严，重新获得他人的肯定。一旦有人提供了这样的机会，他们会加倍感激对方，加倍尊重和信任对方，从而迸发出超乎常人的热情和干劲，完成常人难以完成的任务。

身处职场中的我们，即便没有刘秀那样成大事的野心，也要有尊重、容忍他人的气度，这样我们才能更好地融入团队，得到与他人合作的机会。

有位哲人说："尊重别人是一种美德，它会赢得认同、欣赏和合作。请你记住，不尊重朋友，你将失去快乐；不尊重同事，你将失去合作；不尊重领导，你将失去机会……"当我们能够容忍和尊重他人与我们的不同时，我们就不会再计较别人的言行带给我们的不快，就会以平等的心态、平常的心情面对生活和工作中所有的人和事。

"泰山不让土壤，故能成其大；河海不择细流，故能就其深。”这是秦国著名丞相李斯《谏逐客书》中的一句话，意思是：泰山之所以成为最伟大的山岳，是因为它不拒绝任何细小土壤的堆积；河海之所以能这样深阔广大，是因为它们接纳了所有细小溪流的流入。李斯借用这样的比喻劝谏秦始皇要不拘一格、广纳人才，才能成就大业。

泰山成其大、河海成其深，都是因为泰山和河海具有包容性。作为团队的领导者，也要具备这样的包容性。在用人的时候既能容人之长，和比自己能力强的人共事，又能容人之短，能和有不足的人相处，不苛责他人小的过失，不揭露别人的隐私，做事留有余地。这类人在待人接物时往往小事糊涂，大事聪明。有人无意中冒犯了自己，他不会抓住不放，而是与人为善，给对方内省、改过的机会。当然，他们也不会放弃自己的尊严去纵容他人的恶。

宽容大度的人之所以计较得少，是因为他们有着更高远的目标、视野和格局。当多数人还在为小事斤斤计较的时候，宽容的人谋的是整体和全局。他们更愿意看到每个人身上的闪光点，深刻明白包容才能凝聚更多的人气，做更大的事情。他们也因此有着更广大的舞台和更高远的人生之路。

物忌全胜，事忌全美

如果细心观察就会发现：有经验的木匠做木工活时，会在两个木块的衔接处留下一点点缝隙。这样做的目的是保证木料随温度、湿度变化而伸缩时，不会因为衔接过紧而发生隆起。这个看似工作中的小小“缺憾”，实则却保证了整个家具的完好。这也从相反的角度告诉我们：不要追求完美，它有可能是一种陷阱，让我们误入歧途。

虽然追求完美似乎能让一个人更加积极上进，使自己的工作和生活更趋于美好。但这个世界上本来就没有十全十美的东西，一旦追求完美成为一种执念，一个人就会被“实现完美目标”的想法所吞没。追求完美的人们常常被称为“完美主义者”，这类人往往对所有的事情都心怀不满，努力要使它们达到完美，但往往又半途而废，因而使自己陷入深深的矛盾之中。

一位寺庙的住持年事已高，他不得不尽快确定自己的衣钵传人。在众徒弟中，他认为最有资格继承他衣钵的只有两个人，他决定考一考他们。这一天，他对两个徒弟说：“你们两个下山，帮我找一片最完美的树叶。”两个徒弟领命下山而去。

中午的时候，大徒弟带着一片树叶回到了寺庙，他把叶子递给住持，然后说道：“师父，这片叶子可能并不是世界上最完美的树叶，但它却是我看到的所有叶子中最完整的一片叶子。”住持点点头收下了叶子。

到了傍晚，二徒弟也回来了，却两手空空。他对住持说：“师父，我找遍了山下所有的树林，看过许多许多的叶子，但却怎么都找不到最完美的那片叶子。”住持只是微笑点头，没有说什么。最后，大徒弟成了住持的衣钵传人。

二徒弟的结局告诉我们：一个人如果求全责备，凡事都想尽善尽美，那么最终他会一事无成。适度地追求完美可以不断地提升自我，使我们的生活、工作越来越美好，但过度追求完美，就会让我们一心“死磕”细节，从而失去掌控全局的能力。

很多时候，我们完全误解了完美的意义，认为只有完美的东西才是有价值的，才值得拥有。但事实上，世间中的很多悲剧、人生中的许多烦恼和遗憾恰恰是过分追求完美而产生的。

老刘十分幸运地得到了一颗罕见的珍宝——一颗又大又圆的珍珠，整个珠子闪耀着美丽的光泽，十分动人。但是，让老刘感到非常遗憾的是，这颗稀世珍珠上有一个小斑点。他左看右看都不甘心，心想：要是能把这个斑点除掉，那么这颗珍珠也许会成为世界上最珍奇的宝贝。

左思右想之后，他终于下了决心，试着用刀片去刮那个斑点。但是他刮了一层之后，发现那个斑点还在珍珠上面。于是，他又刮了一层，发现斑点还在，他陷入了疯狂的不甘之中，一层又一层地刮着，直到最后，斑点没有了，而原来那个又大又圆的珍珠也变成了小小的一粒。老刘痛心不已，痛失宝贝的他一病不起，最终竟然一命呜呼了。临终前，他非常懊恼地对家人说：“要是我当初不计较那个斑点，我现在还会拥有那颗美丽的珍珠啊！”

“完美”，听上去很有诱惑力，但实际上却是一个漂亮的陷阱。人们在苛求完美时，可能会逐渐迷失在虚荣和假象中却浑然不知，就如同上面这个故事中的老刘一样，为了一点瑕疵而毁掉一个稀世珍宝。

人们常说要“严以律己，宽以待人”，以此劝诫人们为人处世要宽容大度。但是，这句话在苛求完美的人们那里就成了“严以律己，亦严以待人”。苛求完美的人往往对自己、对他人都有着“高标准、高要求、高期望”。

当自己犯了错误或是遭遇失败时，苛求完美的人常常会陷入深深的自责之中，很难原谅自己。在这类人眼中，一切失误和失败都是可以避免的，如果没有避免，那就是你能力不够、努力不够。苛求完美的人对别人也喜欢吹毛求疵，一点小过都会被他放大，紧盯不放，搞得周围的人怨声载道。他们对自己、对他人的期待越高，失望也就越大，也就越容易在人际交往中产生挫败。

苛求完美的人们要想更好地适应环境，发挥自己的潜能，首先要正视真实的自己，客观地看待自己的优缺点，制订力所能及的人生目标，通过一个个小成功树立信心，提高生活的幸福度。

完美主义者更要学会宽容待人，不要把自己的想法强加给他人，与人相处时要尽量做到求同存异。一旦我们接受了“物忌全胜、事忌全美”的想法，我们就能将“完美主义”调整为“最优主义”，就能涵容待人、恬淡处世，我们的生活也会因此更丰富、更充实。

不做能力之外的事

老子说：“持而盈之，不如其已。”意思是：手上托着的器皿已经装了很多水，再继续装就会溢出来，不如适时停止。他用这句话规劝世人不要贪得无厌。

有时候，得到的过多确实百害而无一利。比如，给花浇太多的水，它会烂根死掉；给宠物喂食过多，也会伤害它们的健康。人们如果总想得到更多，不能控制自己的欲望，最后常常会在欲望中沦陷，失去更美好的东西。所以，人们要学会适当地舍弃，只有懂取舍、知进退，才能更好地把握人生的方向。

小A最近几年迷上了户外探险。最近一次探险去了东非。出发前，小A随身带了一个大大的背包，里面放着各种户外工具：炊具、餐具、切割和挖掘工具、衣服、指南针、护理药品……准备停当之后，他便跟着向导出发了。

走了一段路之后，小A才发现，这位向导几乎什么都没带，差不多是两手空空地和他上路的。看着小A疑惑的神情，向导猜到了他的心思，说道："你背的这些东西真的全都用得上吗？"小A愣了一下，他似乎从来没有认真想过这个问题。当他开始反思时，小A发现，背包里的确有不少东西是很久都没有派上用场的，但他却背着它们走了很远的路。

在接下来的休息点，小A试着把指南针送给了当地的居民，因为他和向导学会了怎样通过植物、水流来判断方位。后来，他陆续又送出不少东西。渐渐地，他的背包越来越轻，而他和向导学到的野外生存技能却越来越多。

半个月后，小A结束了在他看来最为愉快的一次旅行。回想这次旅行，他得出一个结论：一个人背负得越少，就越能激发自身的潜能。此后，小A学会了定期清理自己的人生“包袱”，一直让自己保持轻装上路的状态。

如果将人生看作是一次旅行或探险，我们也应该学学小A，记得时时清理自己背上的“行囊”。除了必须承担的责任、义务之外，那些永无止境的欲望和追求，不妨也一同卸下来。如果一直背负它们，不但让人身心疲累，还会让我们错过人生路上更美的风景。不惧放弃，有舍才有得。更何况，有些放弃可能还会救命。

在弱肉强食的海洋中，海参没有牙齿，也没有骨骼，行动非常缓慢，那么它们遇到危险时，是怎么保护自己的呢？

海参的自卫手段在海洋动物中堪称“独门绝技”。它的体内有一种含有毒素的特殊器官，类似内脏。当海参受到敌人威胁时，它能把内脏从肛门喷射出去，用来缠结和毒杀来犯的敌人。

海参这种“自残”式的自卫方法很有奇效。绝大多数捕食者都会被吓一跳，然后惊慌逃窜，或者有些胆子比较大的捕食者会把海参的内脏当成食物吃掉，海参便得以借这个机会逃跑。然后，过上一段时间，海参就能长出新的内脏，“满血复活”。

正是靠着这种独门绝技，海参在地球上生活了六亿年。

海参舍弃了自己的身体器官，却捡回了一条命，可以说是深谙取舍之道。不得不说，海参是一种相当聪明的动物，知道自己没有强大的武器，体型和攻击力也不占优势，就只好以退为进来保全自己。

海参带给我们的启示就是：如果我们的实力不足以和对手抗衡，不妨像海参一样以退为进，先让自己活下来，再慢慢找机会。西汉时期著名的女政治家吕雉，也就是刘邦的妻子正是这样一位在荣辱面前能够淡然处之，以退为进，保全大汉江山的人物。

汉高祖刘邦在位时曾败给匈奴，有白登山受困之辱，不得不与匈奴和亲。汉惠帝刘盈即位后，匈奴更加嚣张。他们甚至派使者给汉惠帝的母亲，也就是太后吕雉送来一封书信。意思是：单于目前孤身一人，很寂寞，而吕后您也刚刚失去了丈夫，我们两人正好可以在一起。

这显然是对吕后的莫大侮辱和挑衅。一向性格刚烈的吕后大为恼火，她召集陈平、樊哙、季布等人商议如何惩罚匈奴。

要知道，当时的汉朝刚刚经历战败，元气大伤，根本无法和匈奴抗衡。陈平等人劝吕后说，匈奴人如同禽兽，没什么礼义廉耻，他们的话不值得动怒。吕后明白几位大臣是在劝自己不要因一时冲动而犯错。

吕后渐渐冷静下来，情绪平复了之后，她回了一封信给匈奴。信上写道：单于正值盛年，但吕雉我已然年逾七十，色衰神弱，实在不太合适。现在我献上30名美女，10万匹锦帛，还有精米、精酿宫酒，请单于笑纳。

吕雉身为皇太后，位高权重，在遭受单于的侮辱时，她完全可以凭借手中的权力发兵匈奴，替自己出这口恶气。但她最后却以社稷江山为重，生生忍下了这口气，以退为进，为汉朝创造休整和发展的机会。

小A以及海参的先舍后得，吕后的以退为进都在告诉我们：生活和工作中，我们要懂得量力而行，不要做超出自己能力之外的事情，否则可能会给自己招来麻烦，甚至是危险。

懂得取舍和进退，不要过度计较眼前的得失，因为暂时的舍弃或后退并不意味着永远的失败。相反，当能力不足以支撑野心的时候，过分的激进无异于飞蛾扑火，而适时退让却可能会找到新的机会，一飞冲天。

有时候当你以为机会未到时，也许是因为机会不在身前而在身后，只需一个转身或是后退一步就能柳暗花明。所以，在人生的关键时刻，我们要学会以不同视角看待问题，放弃固执，放开眼界做正确抉择。

管好自己的事，放下别人的事，不操心“老天”的事

一位修行人问一位贤者：“烦恼太多怎么办？”贤者：“你首先要分清三件事，‘自己的事’‘别人的事’‘老天爷的事’，然后打理好‘自己的事’，不去管‘别人的事’，不操心‘老天爷的事’，你的烦恼就可以消除了。”而现实生活中，我们恰恰是因为

忘了“自己的事”，爱管“别人的事”，操心“老天爷的事”，所以才烦恼多多。

什么是“老天的事”呢？简单来说，只要是人力无法影响和左右的事情就都是老天的事，它多半属于来自自然的不可抗力，比如日升月落、刮风下雨、自然灾害。“杞人忧天”的寓言说的就是一个人因为操心“老天爷的事”，搞得自己忧心忡忡，由此沦为千年笑柄。

杞国有个人，整天忧心天会塌下来、地会陷下去，担心到时候自己没有安全的地方，甚至焦虑得睡不好觉、吃不下饭。

他的朋友知道了这个情况后就去安慰他，说：“我们头顶的天是气体聚集而成的，到处都充满空气。我们的一举一动，一呼一吸都是在空气里的，所以天是不会塌下来的。”那个焦虑的人又说道：“即便天是气体积聚成的，那日月星辰不会掉下来砸到我们吗？”

他的朋友又说道：“日月星辰也是气体积聚而成的，只不过它们当中含有可以发光的东西，所以即便日月星辰能够掉下来，也不会砸伤人的。”

那人又说：“那大地陷下去怎么办？”他的朋友：“地是由土块堆积而成的，我们生活的所有地方都填满了这样的土块。你行走跳跃都是在地上活动，地是不会陷下去的。”听到朋友这样说，焦虑不已的杞国人终于放下了担心，高兴起来。

“杞人忧天”的寓言故事讽刺了那种整天没来由地担心、焦虑，爱和一些毫无意义的人与事较劲，不断自我消耗的人。这样的人胸无大志，终日患得患失，正所谓“天下本无事，庸人自扰之”。

在我们这个竞争激烈的社会，良好的心态和认知水平决定了一个人的发展高度。这种因为片面、盲目的认知而严重自我消耗的人很难有立足之地。作为现代人，如果我们真的遇到了无法解释或想不通的问题时，与其像“杞人”一样整天焦虑、忧心，睡不好、吃不香，不如顺其自然，把“老天爷的事”交给“老天爷”去处理，我们静观其变，做个豁达通透的人。

不操心“老天爷的事”，更不必管别人的闲事。每个人都有自己独特的经历和处境，没有人可以替代，也没有人可以真的对他人感同身受。人际交往中，要做个受欢迎的人，我们就要尊重他人的选择和决策，不要妄想改变别人。最近，在网络上流行这样一句话：“改变自己是神，改变别人是神经病。”你认为好的方法和经验未必适用于别人，不要把自己的想法强加给别人，否则就可能会变成网友口中的“神经病”。

但是，我们却有很多父母犯了上述错误，以爱的名义严重干涉子女的事情，甚至还想操控子女的人生。

王玲最近谈了一个男朋友，男孩的工作、学历、脾气秉性都让她非常满意。但是，当她把男友带到妈妈面前，妈妈在了解到男友的家庭以后，脸色变得非常难看。等男友走后，妈妈很严肃地命令王玲和男友断绝来往，因为王玲男友的家庭经济状况很一般，妈妈希望王玲找个家庭条件好的，起码有能力在市中心全款买婚房。妈妈还说，过几天她的同事要给王玲介绍新的男友，对方家境很好，希望王玲认真考虑。这让王玲非常愤怒。

王玲的爸爸去世得早，妈妈一个人把王玲带大，很不容易。王玲很小就非常心疼妈妈，什么事都顺着妈妈，不敢惹她生气。所以，这么多年来，王玲一直都过得很压抑。

现在面对婚姻大事，王玲决心要自己做一次主，所以她很坚决地拒绝了妈妈的要求。母女二人为此大吵了一架。

几天之后，妈妈要王玲去和同事介绍的男孩相亲，王玲不从。妈妈盛怒之下失手打伤了王玲，经过抢救才捡回一条命。这么一闹之后，妈妈终于不再坚持自己的想法，但是母女两人的感情却出现了严重的裂痕。

妈妈虽然是出于好心，想让女儿嫁得更好一些，少吃苦头，但她根本没有考虑女儿的想法和感受，而只是把自己的想法强加给了女儿，想控制女儿按她的意愿行事。这侵犯了女儿的权利和自由，搞得本来相依为命的母女差点反目成仇。所以，为了人际关系和谐，我们最好不要管“别人的事”，更不要去控制和改变别人。有时间和精力的话，不如好好打理一下自己的事。

人生苦短，我们要抓紧时间做好自己应该做的、可以做的，不断成长，对自己的选择负责，自己掌控自己的生活和命运。所有与我们自身有关的事情，不管谁来决策，最后都要由我们自己来承担后果，所以不要寄望于他人，不要把自己的命运交付在别人的手里。

当我们打理好“自己的事”，不再干涉“别人的事”，也不再操心“老天爷的事”，我们就会少去很多烦恼，进而活得更加通透自在。

第八章

广结良缘：贵人扶持路好走

香港富豪荣智健在提到自己的成功经验时说："如果去问问我的同行，问问对手，他们凭什么能够做到今天的程度，绝大多数人会告诉你，因为有朋友的支持。即便市场再怎么残酷，也少不了朋友们的帮忙。如今，早过了单打独斗闯天下的时代。"如果用一句话来概括荣智健的话，那就是"广结良缘，贵人扶持路好走"。

在我们这个信息过剩的时代，谁占有的信息多，谁的消息灵通，谁就可能站在成功的金字塔顶端，而信息的重要来源之一就是人脉。即便是普通老百姓也常常把"在家靠父母，出门靠朋友"挂在嘴边。可见，人脉是多么重要。

85% 的成功来自人脉

一位闻名世界的成功学大师在自己多年的走访调查中总结出一个惊人的发现："一个人的财富和成功，15% 靠专业知识，85% 靠的是人脉和沟通。"

在他看来，一个人想要获得成功，首先要有足够的专业能力、知识储备、不懈的努力，这些要素必不可少。但是，他同时也发现，世界各地，到处都不少见那种才华横溢、努力奋进却怀才不遇的落魄者。单从学识、能力方面来讲，他们完全具备了成功的条件，但却一直躲在角落里郁郁寡欢。这位成功学大师认为，这些落魄者之所以失败，关键一点在于，他们缺少人脉，缺少在关键时刻拉他们一下的贵人。而这一点，在中国很多名人的发迹史中都能找到很好的佐证。

左宗棠，晚清名臣、“中兴四名臣”之一。年轻时的他见多识广、足智多谋，被当时的人们称为“今亮”，即“当今诸葛亮”，可见其才华是多么出众。但就是这样一位人物，时运不济，屡次科举考试都以失败告终，20多岁还只能委身在乡下一个官员手下做幕僚，即类似秘书一类的工作。直到他遇见曾国藩。

曾国藩，晚清“中兴四名臣”之首、湘军创始人，在镇压太平天国运动中立下大功，曾出任两江总督，握有4个省的军政大权。曾国藩十分欣赏左宗棠的才华与见识。

有一次，脾气暴躁的左宗棠因为看不起一位二品大员的做派，动手打了对方，这在当时是以下犯上的重罪，朝廷因此要把左宗棠投进大狱。曾国藩知道后立刻拜托好友在朝中斡旋，才使左宗棠转危为安。正因为曾国藩的斡旋，使皇帝注意到了左宗棠。第二年，在曾国藩的保举下，左宗棠顺利获得成为官秩四品的京堂候补的机会，负责在湖南招募乡勇。

收复安庆后，曾国藩更是直接向朝廷推荐左宗棠独立督办浙江军务，还把驻扎在赣浙边界的湘军交给左宗棠节制，而且给了左宗棠征收地方税收的财权。

直到左宗棠即将西征时，曾国藩还把最得意的部下刘松山留给了左宗棠，刘松山出色的军事指挥才能对左宗棠帮助极大。可以说，左宗棠之所以能飞黄腾达，一路都离不开曾国藩的帮助。

左宗棠从乡下小秘书到留名清史的名臣，一路走来，我们可以看到：他本身有足够的才华和能力，再加上曾国藩这一强大的人脉资源，二者相辅相成，才成就了他这一路的辉煌。如果没有曾国藩的关照和器重，左宗棠即便才高八斗、学富五车，却也只能埋没在乡间。

在激烈的商业竞争中，更有“人脉就是财脉”的说法，所有的商界大佬几乎都是经营人脉的高手。在职场和商场中间流行的一句话是“决策未动，信息先行”。的确，商场上，一条重要的信息可以使人一夜暴富，也能让人倾家荡产。而信息的多少和可靠程度则取决一个人的人脉。人脉广、质量高，一个人得到的信息就更多，也更准确，也就越有助于作出更精准的决策，这个人最终盈利或胜出的概率就越大。

一位世界顶级销售大师在谈及自己的成功心得时曾说：“要想赚到更多的钱，就要去接触更多的人。”为此，他还总结了经营人脉的三个法则：第一，不断获得财富的秘诀是不断丰富自己的人脉；第二，挖掘别人疏忽的客户；第三，与客户保持长期联络，平时记得送礼物、打电话，还要亲自拜访客户。在这位销售大师眼中，所有人都有可能成为他的客户，都可能为他带来财富！

同样的，清代著名商人胡雪岩更是人脉之王。而且，胡雪岩的高明之处在于，他善于着眼于大势，通过造势来打造人脉，为自己的商业之路奠基。

比如，在他看来，钱不能只攥在富人手里，如果穷人和富人两极分化，那么富人就会非常危险，市场也无法活跃起来。所以，每当天灾人祸、饥民四起时，胡雪岩就会帮助朝廷或地方政府赈济灾民。这样做的结果，一方面在老百姓当中树立了很好的口碑，另一方面也为朝廷分忧解难，使胡雪岩在官场和商场中都很得人心，混得如鱼得水。

与人打交道时，胡雪岩又提出“圆而神”的说法，即圆通、圆活、圆融、圆满。由此，他成了一位八面玲珑、左右逢源的商业大贾，生意做到全国，关键时刻，甚至清政府都要指望他来资助军饷。

不论是顶级的销售大师还是商业大佬胡雪岩，他们的成功都有一个显而易见的共同特点：有意无意地把经营人脉当作是拓宽财路的关键手段，并能够持续不断地把人脉变现成财富。

古人带兵打仗非常看重“天时、地利、人和”，认为这三个要素是取得战争胜利的关键。其中，“人和”又是至为关键的要素。所谓“人和”，也就是人气，是指一个人在做事时能得到很多人的帮助，大家在一起分工协作，团结一心把事情做成。在竞争激烈、生活节奏变快的今天，我们要发展自己，在竞争中获得更有利的优势，我们同样离不开朋友、团队的合作与支持。所以，我们也要不断提升自己经营人脉的意识和方法，去打造优质的人脉圈子，再通过圈子提升个人能力，两者相辅相成，我们就能够不断地向更高层次进发。

宁可得罪君子，不可得罪小人

我们在社会上经营人脉，还要注意提防小人。有句老话叫“宁可得罪君子，不要得罪小人”，其中的道理很好理解，小人之所以被称之为“小人”，往往是因为这类人多半人品低下、手段卑劣，而且自私自利、斤斤计较。一旦不小心得罪了这类人，哪怕是在鸡毛蒜皮之类的小事上令他们不满，他们也会记仇，会不遗余力地寻找机会打击报复对方。

夷射，是战国时期齐国一位有名的臣子。有一次，他应邀去陪齐王喝酒。两个人边喝边聊，越聊越投机，夷射慢慢就喝多了。眼见天色也晚了，齐王结束了宴席，让夷射回家，临走的时候还给夷射带了一葫芦酒，酒香四溢。

夷射提着酒葫芦走到了宫门口前等守卫开门。当夜值班的门卫叫刖，他因为受过刖刑（砍手、砍脚的刑罚）而得此名。门卫刖是个嗜酒如命的家伙。他闻到了夷射身上的酒味，竟然厚着脸皮走到夷射跟前，恳求道：“大人，您葫芦里的酒可真香啊，能送我一点喝吗？”

喝得醉醺醺的夷射想也没想，就呵斥道：“你想得美！做过阶下囚的人也敢和我要酒喝？真是胆大包天！”说完，夷射扬长而去。

夷射的话气坏了门卫刖。他看着夷射远去的背影，心里恨恨地想："哼！我不过是想喝点酒，你居然这么看不起我。我这就让你知道我的厉害，让你追悔莫及。"门卫刖看看四下无人，便偷偷从房间里端出一盆洗脚水，泼到了正门旁边的墙上。

第二天一大早，齐王在宫门口一眼就看到了正门边上像尿渍一样的一摊水。齐王勃然大怒，便问门卫刖："门口的那一摊水是怎么回事，谁敢在宫门这里小便？我一定要赐死他。"

门卫刖装出一副诚惶诚恐的样子说："大王恕罪。昨晚，小人看到只有夷射大人在这里站了一会儿，再没有别的人经过。"可怜的夷射，居然因为酒后得罪了一个门卫被齐王赐了毒酒。

这个故事就是著名的"盆水杀人"，被记录在《韩非子》中。很显然，故事中的门卫是一个小人，而夷射因为一杯酒、一句狠话得罪了小人，便葬送了自己的性命，真是个"大冤种"啊！从中也可以看出小人的可怕之处。

当然，退一万步讲，在整个事件中，夷射的态度也实在过于恶劣。不给对方酒喝就算了，还攻击人家，揭人家的短处，这样的行为简直就是在为自己"培养"小人。所以，我们应该从中吸取教训：人际交往中，不论对方多么卑微，我们也不要恃强凌弱、出言不逊，如果对方是个心胸狭隘、睚眦必报的小人，我们就更要小心谨慎。

不得罪小人，还有更关键的一点就是识别小人、远离小人。常言道："不怕没好事，就怕没好人。"比如有些小人，即便你不得罪他，他们也会出于自身利益的需要，不顾大义、不顾廉耻，牺牲别人来谋取自己的利益。所以，睁大慧眼识别小人、远离小人才是最好的保全之策。关于这一点，齐桓公晚年的遭遇可能会给我们一些启示。

齐桓公年轻时有雄才大略，使齐国成为春秋时期实力最强的国家。但是，他在晚年却宠信易牙、竖刁、卫开方三个小人。

易牙是齐桓公的大厨，非常精通烹饪。有一天，齐桓公说："我吃遍了山珍海味，唯独没吃过人肉，有点遗憾。"他说这话的当晚，餐桌上就有了一盘蒸肉，味道十分鲜美，齐桓公从来未吃过这么美味的肉。后来才知道这是易牙杀了自己的儿子做成的菜。

齐桓公大为感动，他认为易牙对自己的忠心，甚至胜过了对亲骨肉的爱。此后，齐桓公更加宠爱易牙。

竖刁，因为贪恋宫中富贵而一狠心做了宦官，以便能享受在帝王身边的虚荣。他特别会揣测齐桓公的心思，常常把齐桓公哄得心花怒放。齐桓公也非常感动，认为竖刁为了侍奉自己，竟甘愿做宦官，所以对他也是宠爱有加。

卫开方，卫国贵族，追随齐桓公十多年，甚至父亲去世他都没能回家奔丧守孝。齐桓公也非常信任他。

但是，宰相管仲却劝齐桓公说："所有人都爱自己的儿女，如果连儿女都能杀，还有谁他不能杀？正常人都是爱自己超过爱别人，如果一个人对自己都能下狠手，那他对别人岂不更狠？没有人不爱父母，如果一个人连父母都能弃之不顾，他还会顾念谁？”

齐桓公对管仲的劝诫不以为然。

几年后，齐桓公重病卧床。竖刁、易牙觉得他已经不能再做自己的靠山，便决定杀掉齐桓公，拥立他的一个儿子，这样他们就可以因此立功，继续得宠。

最后，他们竟然把齐桓公活活饿死在病榻上。

因为轻信小人，齐桓公惨死，他一手建立起来的强大齐国也因此陷入内乱，开始走下坡路。

易牙、竖刁、卫开方三个人的行径正好验证了一句话：“言而有信真君子，反复无常小人心。”三个人在齐桓公可以利用的时候，不惜牺牲自己的儿女、身体、父母来讨好他；当齐桓公失去利用价值时，他们再次为了利益而残忍地抛弃了曾经给过他们荣华富贵的齐桓公。他们反复无常的举动只是为了攫取更多的利益。

有人说，小人有一个共同的本质，就是为了利益和欲望，他们可以做尽坏事。当他们想满足自己的欲望，或是当他们的利益受到损害时，小人们可以不择手段打击、陷害他人，比如出卖朋友、中伤陷害……无所不用其极。

如果我们能够识别身边的小人，就要想办法和他们保持距离。如果不得不与小人一起共事，那么一定要牢记：待小人要宽，防小人要严。

小人面前，我们要少说多听，不要轻易许诺或是褒贬他人，更不指摘小人的缺点。对小人提出的要求，能帮就帮，帮不了一定要婉言拒绝。同时也要看到，小人善妒，他们无法忍受别人比自己强。所以，在小人面前最好保持低调，不要引发他的嫉妒心。小人还喜欢斤斤计较，所以，在小人那里，我们要糊涂一点，睁一只眼闭一只眼，不要和他们争是非长短。

冷庙常烧香，急时有人帮

投资人脉有一个大忌，那就是急功近利。那种“现用人现套交情”的做法就如同人情买卖，把对方当成“工具人”加以利用，这种情况任何人可能都不愿意接受。聪明的人脉高手往往把功夫下在平时，提前投资人脉并时时维护，甚至是“冷庙也烧香”。

事实证明，这种看似蚀本的做法却远远好过临时抱佛脚。一些有长远眼光的人甚至会有意结交落难的人，在对方遇到困难时主动帮忙并且不计回报。而这样积攒下的人脉也往往更加牢靠、更加优质。

我们之前曾多次提到过的胡雪岩，也是一个人脉高手。他之所以能从一个钱庄小伙计成长为一代巨贾，和他慧眼识英雄，善于雪中送炭、扶危济困有很大关系。

胡雪岩还是个钱庄小伙计的时候，就曾大胆资助过一位陌生人。

有一次，东家派胡雪岩去收账，他在这个过程中认识了当时还十分落魄的王有龄。两人一番攀谈之后，胡雪岩判断王有龄将来必能飞黄腾达，于是他竟大胆地把钱庄的500两银子借给了王有龄，资助他去京城赶考。为此，胡雪岩被钱庄老板扫地出门。

王有龄发迹后一直记着胡雪岩的恩情，和胡雪岩结为生死兄弟。此后，两人患难与共，在王有龄的支持下，胡雪岩也成就了自己的商业帝国。

胡雪岩始终想开设一家属于自己的钱庄，在王有龄的鼎力帮助下，在短短半年时间里，就使钱庄的白银达到50多万两。期间，胡雪岩还借机和漕帮合作做丝绸生意。在鼎盛时期，胡雪岩的丝绸生意占有全国丝织业股份的七成以上，甚至垄断了上海的丝织业，还敢与洋人的丝织生意抗衡，并使这种抗衡的局面维持了20年之久！

胡雪岩慧眼识英雄，在王有龄还非常不得志的时候慷慨出手，帮助其考取功名。他种下的这一善因在日后使他收获了丰硕的善果。而且，所谓“患难之交情谊深”，胡雪岩认识王有龄于微末之时，对王有龄有知遇之恩，王有龄后来给予胡雪岩的各种便利，其实都是在报答胡雪岩当初的恩情。所以，胡雪岩以这种方式形成的人脉比对方得势之后再去费力巴结对方远胜千百倍。

毫无疑问，能够慧眼识英雄，还能为英雄雪中送炭的胡雪岩是聪明的。相比聪明的胡雪岩，民国时期的天津市市长张廷谔可就不太聪明了。

张廷谔是抗战胜利后第一任天津市市长，在他的治下，有一位叫靳云鹏的人。这位靳云鹏曾经是北洋政府时期的国务总理，后来受到排挤无心仕途，过起了半隐居的生活。但他用之前的势力创办了不少实业，甚至在很短的时间里，由他独资或合伙经营的企业就多达20多家。而且，他还和孙传芳共同创办了天津佛教居士林，信徒多达三千多人。所以，卸任后的靳云鹏虽然表面上无职无权，但历任地方官对他都很尊重。

但是在张廷谔的眼里，靳云鹏不过是一个过了气的人，自己作为天津市的父母官，没必要降贵纡尊，去俯就他。

不但如此，张廷谔还干这么一件事：靳云鹏在居士林门面前的电线杆上树了一盏写有“南无观世音菩萨”的莲花灯，张廷谔认为这有碍交通，便下令拆除。靳云鹏几次派人通融，都碰了一鼻子灰，两个人的关系一时间搞得很僵。

没多久，张廷谔的噩梦就来了：蒋介石命张廷谔邀请靳云鹏到北平与其会见。张廷谔这下可傻眼了，可是又碍于“君”命难违，不得不硬着头皮去请靳云鹏。

而靳云鹏则不慌不忙地说：“灯都拆了，你来找我干什么呢？”

傲慢的张廷谔当初只图一时痛快，把人得罪狠了，以为靳云鹏只是一个过了气的、没有任何价值的小人物，得罪也就得罪了。谁知最终却自食其果，再求人时已是千难万难，其中的尴尬可想而知。

其实，如果张廷谔是个聪明厚道的人，即便他不能像胡雪岩一样为对方雪中送炭，但至少给对方送上一点善意也是好的，就像下面这个小故事中的商人。

马路边上，一个衣着破旧的小男孩正在向路人殷勤地展示着他擦皮鞋的手艺，路人匆匆而过，没有人理他。一位商人看在眼里，生出一股怜悯之情。他掏出10元钱塞到小男孩手中，然后头也不回地走了。

但是很快地，商人又掉转头走向小男孩，一脸歉意地对他解释："刚刚因为在想心事，忘了请你擦鞋。"商人一边说一边坐上了小男孩事先准备好的小凳子上，小男孩用细瘦的小手飞快地为商人清理皮鞋、擦油、抛光。他的手法很好，速度也很快。商人看着很心疼，但他不动声色。

临走时，商人夸奖道："做得不错，小伙子，我要为你的优质服务再付一点小费。"说着，商人又从口袋里掏出5美元给小男孩做小费。"你以后一定可以成为一个成功的商人"，商人和蔼地拍了拍小男孩，离开了。

多年之后，在一个大咖云集的商贸会上，一位西装革履的年轻人来到商人的展位前自我介绍："先生，您可能早就不记得我了，但我却一直都记得您。十五年前，是您给了我自尊和信心。在那之前，我一直认为自己就是个擦皮鞋的，这辈子不可能再有什么大的发展。直到那天您对我说，我会成为一个商人，和您一样的商人，我才有了自尊，也才有了今天的事业。”

这位年轻人已成为优秀的企业家，在与他的合作下，商人进一步拓宽了自己的商业领域。

商人当初简简单单的一句话，使一个卑微到尘埃里的小擦鞋匠燃起了希望，重拾生活的信心。正是这种希望和信心，使小擦鞋匠看到了自己的价值，并通过努力获得了成功。这个故事也告诉我们：在别人不遇的时候，不要与其为敌，相反，还要你帮他一把，给人以可贵的尊严，这比任何东西都弥足珍贵，都更能赢得人心。

因为当一个人处在危难之中时，你能施以援手，不仅仅是在帮对方解决当下的困境，更是在助他树立战胜困难的信心，是在重塑他的尊严和价值。而能让一个人重拾信心和尊严，无异于是他精神上的“再生父母”，也就容易让他对你有更高的忠诚度。所以这种情况下形成的人脉往往更可靠。

人的一生不可能总是风平浪静，当有人遇到困难，需要帮助时，如果我们能施以援手，被帮助的人可能就会在日后成为我们最忠诚的朋友，甚至成为在关键时刻拉我们一把的贵人。所以，人生在世，不要吝啬你的善意。

人脉不是追求来的，是吸引来的

虽然说在经营人脉的过程中，感情投资不可少，以真诚换真诚才能让关系更持久。但是，另一方面，我们也应该看到一个残酷的真相，那就是踏入社会之后，人与人之间要达成长久的合作，我们必须有和对方互利互惠、等价交换的资本。

也就是说，经营人脉的过程中，最应该经营的就是我们自己。只有我们自身有能力、有价值，在别人那里成为不可代替的资源，对方才更愿意和我们往来。这也就是为什么有人会说“人脉不是追求来的，而是吸引来的”。如果我们自己没有本事，不能为他人提供任何价值，即使有人际关系，也不是真正的人脉。所谓的“人脉”，在本质上是等价交换、互利互惠的关系。

张炎和几个朋友一起吃饭聊天。朋友小王带了一个新伙伴——李明给大家认识。聊天中，张炎感觉李明很健谈，而且其人脉也很广。比如，张炎聊到自己最近在四处看房，打算给父母买房时，李明马上说他认识今典地产的老板，两个人在多个饭局上一起吃饭、聊天，有彼此的名片和微信。

酒桌上的朋友听到李明认识这种重量级的人物，都投来赞叹和羡慕的眼神，李明也很得意。

饭后，张炎悄悄找到李明商量，问他能不能帮忙拿到今典房产的内部价格。

李明满口答应，说回头找那位今典的老板说说。结果，半个月后，张炎再次问李明的时候，李明却支支吾吾地说，那位老板很忙，一直没有回复他。

张炎很快就明白了：李明和今典老板的交情可能没有他嘴上说得那么深，不过是在酒局上吃过饭、加过微信，在对方朋友圈点点赞的“点赞”之交而已，甚至连点头之交都算不上。毕竟，点头之交得是再次见面的时候能认出对方才行。更准确一点说，可能是李明认识人家，而人家并不认识李明。

在我们身边，像李明这样的人并不少见。他们因为虚荣心的作用，常常把和某个有身份、有地位的人见个面、换个名片就当作是“认识”，和某位大咖吃个饭就当作是“兄弟”。但实际上他自己人微言轻，在对方那里根本没留下什么印象，更不可能指望这样的人借助大咖来帮什么忙。所以，人脉经营中有一个非常重要的逻辑就是：“你认识谁没用，关键是谁认识你！”

当我们自己成为大咖、成为高段位的人时，人脉自然就会向我们聚拢。为此，经营人脉，我们首先要经营自己、强大自己，让自己成为“人脉磁石”。京剧音乐家徐兰沅就是这样一位为了提升自己，不惜放下身段在街头拜师，最后跻身京剧圈顶流的一代著名琴师。

徐兰沅是一位著名的京剧音乐家，他曾先后为蜚声海内外的京剧艺术家谭鑫培、梅兰芳操琴，被誉为“胡琴圣手”，成为那个时代京剧界的顶流音乐艺术大师。这和他不惜一切代价，不断提高技艺有很大关系。

徐兰沅年轻时听闻有一位叫耿一的老琴师，技艺非常高超，他便想尽办法要拜耿一为师，但一直没有成功。

碰巧有一天，徐兰沅在街上偶遇耿一老师。他大喜过望，赶紧迎上前去恳求耿一老师收他为徒。但耿一琴师性格古怪，也从来不收徒弟。他打量着面前的徐兰沅，很傲慢地对徐兰沅说：“小子，要是你能当着众人的面在这大街上给我磕个头，我就教你！”

徐兰沅听了二话没说，立即就跪在耿一面前，恭恭敬敬地给他磕了个头。耿一见徐兰沅如此心诚，便破例收下了他。

拜耿一为师后，徐兰沅更加精进，始终琴不离手，曲不离口，一有空闲就专心练习。在他的努力下，他的琴艺更是无人匹敌，当时很多京剧大师在登台表演时都争相请徐兰沅为他们操琴。而徐兰沅先是为谭鑫培操琴，20年代初又与梅兰芳合作。1930年，梅剧团去美国演出，徐兰沅也陪梅兰芳一同赴美登台表演，最后载誉而归。

试想，在20世纪初那个京剧名家、艺术大师云集的年代，如果徐兰沅不能虚心拜师，抓紧一切机会提升自己的技术，那么他非常有可能被当时的各路名家所淘汰，也就不可能有资本与谭鑫培、梅兰芳这样的大师合作。可见，我们要跃升至更高、更好的圈层，首先要让强大自己，要让自己的才能匹配得上那个圈子，我们才有机会遇到更多、更好的人脉。这种效应在今天也是屡见不鲜。

比如，两大知名品牌公司强强联合，共同整合资源进军市场，其实就是彼此借助对方的资源和品牌影响力。而一些机构组织的私董会、MBA总裁班，一律要求参加者的身份必须是企业高管，身份地位相当，这实际上就是在搭建商界人脉平台，吸引同一圈层的商界人士来平台上拓展资源，进行利益交换。如果我们只是一个普通的打工人，要想进入这类机构、会所的大门，可能还没到门口就被安保人员拦下了。因为我们还到不了那个层次，还要继续提升自己的实力。

商界、职场很现实，人脉和圈子也非常务实。我们要想在商界、在职场打造丰厚的人脉和圈子，首先要让自身的实力实现升华和飞跃，让我们自身的能力、价值、资源达到相应的层次。使自己成为不可取代的稀缺资源，我们才能建立起自己想要的人脉圈。

少一些套路，多一些真诚

真正的人脉不是通讯录里有多少联系电话，也不是有多少人在奉承我们，而是在我们需要帮助的时候，有多少人能伸出援手。能在危难时拉我们一把的人，我们一定要真心相待，绝不能搞套路。

“有事钟无艳，无事夏迎春”，需要对方帮助的时候，无所不用其极地讨好、套近乎、搞关系，一旦事情办成就把对方一脚踢开，这样的处世方式只会切断人脉，最后让自己成为孤家寡人。

好的人脉是从利他开始的。人际交往中，如果总是单方面地付出，就如同玩跷跷板的时候，总是一侧高高在上，另一侧贴着地面不动，这样的游戏是无法长久进行下去的。真正的人脉，是你有难处时我会全力以赴地帮忙，当我遇到麻烦时，你也能不遗余力伸手相助，同时也不会给彼此添麻烦。著名思想家梁启超和著名诗人徐志摩，这两个人之间就是真正地互为贵人，师徒之间情同父子。

徐志摩是梁启超最为得意、最钟爱的门生。自从徐志摩拜在梁启超门下之后，梁启超就如同慈父一样，全心全意地为徐志摩谋划人生和未来。

在梁启超的建议下，徐志摩出国留学，向罗素这样的世界级哲学家学习。学成回国后，梁启超又动用自己的人脉为徐志摩解决生计问题，安排他到北京一家有名的图书馆做事。也是在梁启超的帮助下，徐志摩得以在泰戈尔访华期间，成为这位文学泰斗的随身翻译，使年轻的徐志摩在当时有了更大的影响力。同时，梁启超还把徐志摩介绍给康有为，在康有为面前夸赞徐志摩，如同一位父亲夸赞自己的儿子。

梁启超真心提携徒弟，徐志摩也感恩师父，找各种机会报答恩师。

梁启超生病住院后，徐志摩不远千里，多次从外地赶回北平探望老师。梁启超去世后，徐志摩更是不惜耗费大量的心血和精力，整理、出版老师的遗稿。

梁启超、徐志摩不是父子却胜似父子。师父真心实意为徒弟谋划一切，不惜动用自己的名望和宝贵资源；徒弟则是在师父去世后仍然一片至诚地打理师父最为珍视的遗作，彼此间真挚的情谊曾一度传为佳话。

一位人脉经营大师曾提出过一个非常著名的观点：在经营人脉时，最好不要总想着向别人索求，或从别人那里得到什么帮助，而要想想我能为对方做点什么！即便一时不能为对方做事，也要退而求其次，想一想当你请求对方帮忙的时候，可以让对方得到什么。能否保证对方在帮助你的过程中，他的付出和回报达成平衡。如果我们能够多以这种思维和方式来打造人脉，就能获得更牢靠的关系。下面这位网红博主的亲身经历正好说明了这一点。

一个网红博主在微博上成为大V后非常开心，于是请几个闺蜜吃饭。这几个闺蜜都是她从小玩到大的发小，交情很深，无话不说。席间，一个闺蜜信口开河，要博主帮忙为她代购的海外护肤品做宣传，却对分成、宣传费的事闭口不提。闺蜜觉得两个人从小到大一起玩，好得就像一家人，又觉得这事也无非是借着博主的影响力在网上发个信息，又没什么成本，所以就随口提了出来。

但是，这个闺蜜却不知道，在网红博主的圈子里，大V做宣传都是有市场价的，而且为代购打广告非常损害大V的个人口碑，十有八九会让大V"掉粉"。更可怕的是，如果宣传的产品口碑不好，甚至是质量有问题的话，大V还要受到经济处罚。而这些问题，闺蜜都没有替朋友考虑。

另外，这个闺蜜代购护肤品并不是为了养家糊口，只是她自己用这款产品的时候觉得不错，就抱着玩一玩的心态开始代购的。这样看来，对大V而言，即便帮助对方宣传，其实给对方带来的获益，也没有什么实质性的意义，而大V却要冒很大的风险，这实在是一个不对等的交换。于是，大V

找了个借口拒绝了闺蜜。

从这个例子中我们可以看出：闺蜜的要求不但要让大V承担很大的风险，而且还毫无收益。更让人伤心的是，从闺蜜的态度上可以判断出，这位闺蜜没有为大V的利益考虑过一丝一毫，更多的是利用。即便是情感深厚的发小，闺蜜这样对待朋友也实在是欠妥当。

所以，我们在让人脉变现为财脉的时候，一定不要只顾自己的利益而使对方陷入险境，而是要用心考虑对方的风险和收益，不要一不小心办砸了事情，把对方的资源甚至是社会地位、荣誉、前途搭进去。即便是朋友、亲戚，也要考虑对方在帮你的时候，他的风险和回报是否平衡，如果不对等，千万不要为难人家。否则，便是赤裸裸的压榨和利用，不是平等的利益交换。

真诚用心的经营人脉还在于无论对方是有权有势，还是因为时运不济而失势，我们都能前后态度一致地对待对方，而不是对方得势的时候百般奉承，一旦失势就立马变脸，避之唯恐不及。这样的做派最为人所不齿。下面的故事中，聪明厚道的小李给我们做了一个好的榜样。

小李毕业后进入一家药品企业工作。有一次，他去拜访一家医院的×主任，在医院走廊里，一个熟悉的医生拉住小李，好心地告诉他："哎，小李，我们现在换主任了，之前的×主任因为和院长闹矛盾，被搞下台了。"

小李听了心里一沉，谢过那位医生后，小李回想起之前

与 × 主任合作时的情景，觉得 × 主任不但业务能力好，而且很有医德，小李很钦佩他。小李觉得即便没有业务上的合作，也可以和 × 主任做个朋友。想到这里，小李不再迟疑，问清了 × 主任新的办公室地址便前去看望他。

小李的到访让 × 主任有点意外。但他还是不冷不热地对小李说："我现在已经不是主任了，你以后有事去找新来的 Y 主任吧。"小李笑眯眯地说道："新主任我回头再找他，今天就专门来看看您。您以前与我们公司合作了那么久，大家都非常开心，以后就算没有业务往来，我们还可以做朋友。"

小李的几句话让 × 主任有些感动，这是他被降职以来第一个主动来看望他的业务伙伴。午饭时间，小李邀请 × 主任一起到餐馆吃饭，两个人聊得更加开心。临别时，小李很动情地握住 × 主任的手说："× 主任，非常感谢您之前对我的帮助，以后我在业务上有不懂的地方，还要请教您，咱们就当朋友相处好了。"× 主任再次被打动了。

没多久，× 主任调离了原来的单位，去了另外一家医院。在新单位安顿好以后，× 主任特意给小李打了个电话。于是，小李的业绩单上又多了一家合作伙伴。

真诚待人的小李把原本只是业务合作者的 × 主任变成了助推自己事业发展的好朋友，他的例子告诉我们：好的人脉始于真诚。

有人说人脉是金，但是实际上，黄金有价，而人脉却是无价的。它如同我们每个人的一笔无形资产，为我们的人生保驾护航。所以，人脉值得我们付出真心去经营。学会付出，不计回报，而不是算计着怎样更少地付出，更多地得到，那只能叫套路。少一些套路，多一些真诚，我们才能走进别人的心里。

人脉高手是怎样炼成的

我们都明白这样一个事实：认识的人多并不代表人脉就好。好的人脉关系网是要不断打造和管理的，就如同理财一样，需要经常进行规划、经营和管理。越早树立这种意识，我们就能越早从中受益。

首先，还是那句话，“打铁需要自身硬”。要想有高质量的人脉关系，自己得先有较高的自我价值。自我价值就像求职时的学历证书，是我们打开人际交往的敲门砖。自我价值需要我们在学习中、在工作中不断提升。

其次，如果你是初入职场的小白，一没权力二没地位，这个时候也不要太急于去巴结别人，先顺其自然让自己活跃起来。比如，单位或是部门有饭局，一定要积极参与；有团建更不能缺席；甚至在单位餐厅吃饭的时候，最好也能有意无意地和其他部门的人多坐坐。如果你是搞业务的，不妨和人事部门、办公室的人坐一桌，听听他们都聊点什么，扩大信息来源，混个脸熟。

郭琪毕业后找到了一份专业对口的工作，他十分满意。工作之余，他非常喜欢和同事打交道，几乎和每个部门的同事都能混个脸熟。半个月前，他从人事部那里得知，公司在本年度实行新的人员培训计划，要求新员工要先到工地实习一年，之后再重新分配岗位。

郭琪听说后有点担心，一来他这几年身体不太好，如果长时间在露天环境里待着，会有严重的过敏反应；二来，他现在正准备专业资格证的考试，每天都要上网课，如果去工地的话会很影响学习。

郭琪想省去工地实习的环节，于是他把可能会帮忙的主管、同事梳理了一下，决定先找部门主管试试运气。郭琪之所以对主管有信心，是因为自他入职以来，部门主管交给他的工作，他都完成得不错。从主管的态度来看，对方很满意他的表现。还有一个比较重要的原因是，郭琪工作没多久就接管了部门的报表工作。这项工作不但非常烦琐，还不能出错，而且还是一个分外的工作，之前的报表人员被折磨得“生无可恋”，谁都不愿意接手。

因为郭琪是新人，领导就以锻炼新人为由头，把这个苦差交给了郭琪。而郭琪每次都做得非常好，还调整了报表结构，使内容更加清晰、有条理，连上级领导都对新报表赞赏有加。仅这一项工作，部门主管就对他刮目相看。

想到这些，郭琪勇气倍增。他找到主管说明了自己的诉求：一是在学习深造，为了以后更好地为部门出力；二是最近的报表工作更烦琐，一时找不到人接替；三是自己身体原因，不适合工地实习。

郭琪的诉求明晰，理由也算充分。最关键的是，他平时的工作表现在领导那里已然加足了分。所以，主管很快答应了他的请求，和上级请示后，郭琪可以缩短实习期，一周去工地一次。这样一来，双方都可以接受。事后，郭琪才知道，其实主管也不想放他出去实习，因为万一实习之后，郭琪被分配到其他部门，主管相当于失去了一个得力的助手。

聪明能干的郭琪通过自己的表现和人脉在初入职场时便迈出了漂亮的一步。这既得益于他平时不断在主管面前提升自我价值，让主管不想放他离开，也得益于他人脉广、消息灵通，有充分时间提前运作。

从郭琪的例子中，我们还可以发现：郭琪在求助之前是对自己的人脉资源进行过认真梳理的，最终确定了最有可能帮到自己，也最愿意帮助自己的主管，结果一击而中。而且，他很会优化自己的人脉圈子。比如，自己与直属上级的关系维护得很好；他和人事部的同事的交情也不错，所以对方才给他透露重要信息。可以说，他的圈子优质又丰富。

事实上，我们经营人脉的确要像郭琪一样，善于抓住那些能够对我们职场发展起核心作用的人。毕竟，一个人的时间和精力有限，对所有人都一样用心，是不太现实的事。最有效的方法就是对那些可能影响我们前途、命运的少数贵人，比如直接领导、人事主管，投入较多的时间、精力和资源，这也是打造高效人脉的正确方法。

郭琪带给我们的另外一个启示就是：职场中人要有眼力见儿，头脑要灵活，人要勤快，要给领导一个靠谱、有能力、好学上进的印象。这几点，郭琪几乎都做到了。领导交办的所有任务都办得不错，最棘手的报表也能做得漂亮，甚至还灵活地改进了工作，让领导觉得离不开他。他利用业余时间努力考取专业资格证，更是给领导留下了好学上进的好印象。有这些表现的加成，领导自然会对他青眼有加。

而且，如果我们细心观察，可以推测出郭琪本身可能还是个很有趣的人，多半也对别人的事情很感兴趣。因为他可以和很多部门的人都打成一片，说明他这个人性格比较随和，容易亲近。这对职场人来说也是很关键的。因为人脉最终是双方都能受益的关系，如果我们一时没有能力和对方进行利益互换，那么要吸引人脉，人格魅力也是很重要的因素。

建立人际关系网，需要一个长期的过程，我们不妨把它当作是工作或是做生意的一部分，在维持现有关系的同时，多花心思建立新关系。

对于老朋友，偶尔吃顿饭，聊聊近况；知道对方升迁时记得道贺；对方有求于你时，要尽量帮忙，过后最好主动了解帮忙是否有效。在建立新关系方面，条件允许的话，要多参加行业活动，多认识业界同行，甚至主动争取在行业协会这样的组织中任职，扩展人脉，也能从中掌握最新的行业信息。同时，要注意人脉数据的管理。比如，每个人的名字、地址、职称、职责、个人兴趣等。有了这些信息，当你需要帮忙时，就比较容易找到恰当的人选。

经营人脉不能一蹴而就，高效的打造人脉更是要多花心思，不断学习。但是，一旦建立了好的人脉圈，它给我们的回报也是相当丰厚的。希望我们都能用心打造人脉，在这个社会中游刃有余，为事业的成功开拓宽广的道路。